农民教育培训农业部“十二五”规划教材
新型职业农民培训系列教材
——家畜规模养殖系列

现代绒毛用羊产业技术

付静涛　成文敏　李玉冰　主编

中国农业大学出版社
·北京·

内容简介

《现代绒毛用羊产业技术》一书以问答方式介绍了绒毛用羊产业现状及发展趋势、羊圈舍设计及养羊的主要设备、绒毛用羊的品种选择及引种、绒毛用羊的管理及饲养技术、绒毛用羊的保健及疾病防治技术、绒毛用羊的产品加工技术。重点就绒毛用羊产业农民在实际生产中遇到的问题，提出了相应的应对措施和解决办法。围绕现代绒毛用羊产业生产不同阶段的特点，重点阐述绒毛用羊优质高效产业生产关键性技术。

图书在版编目(CIP)数据

现代绒毛用羊产业技术/付静涛，成文敏，李玉冰主编，—北京：中国农业大学出版社，2013.12

ISBN 978-7-5655-0885-1

Ⅰ.①现… Ⅱ.①付…②成…③李… Ⅲ.①毛用羊-饲养管理-技术培训-教材 Ⅳ.①S826.9

中国版本图书馆 CIP 数据核字(2014)第 005735 号

书　　名　现代绒毛用羊产业技术
作　　者　付静涛　成文敏　李玉冰　主编

策划编辑	张　蕊　陈肖安　汪春林	**责任编辑**	张　玉
封面设计	郑　川	**责任校对**	王晓凤　陈　莹
出版发行	中国农业大学出版社		
社　　址	北京市海淀区圆明园西路2号	**邮政编码**	100193
电　　话	发行部 010-62818525,8625	**读者服务部**	010-62732336
	编辑部 010-62732617,2618	**出　版　部**	010-62733440
网　　址	http://www.cau.edu.cn/caup	**e-mail**	cbsszs@cau.edu.cn
经　　销	新华书店		
印　　刷	中煤涿州制图印刷厂		
版　　次	2014年1月第1版　2014年1月第1次印刷		
规　　格	850×1 168　32开本　5印张　125千字		
定　　价	12.00元		

图书如有质量问题本社发行部负责调换

编写人员

主　编　付静涛　成文敏　李玉冰

参　编　付凤生　刘建平　向双云　刘全红　张永东

编写说明

农民是农业生产经营主体。开展农民教育培训，提高农民综合素质、生产技能和经营能力，是发展现代农业和建设社会主义新农村的重要举措。党中央、国务院高度重视农民教育培训工作，提出了“大力培育新型职业农民”的历史任务。为贯彻落实中央的战略部署，提高农民教育培训质量，同时也为各地培育新型职业农民提供基础保障——高质量教材，我们遵循农民教育培训的基本特点和规律，编写了《现代绒毛用羊产业技术》培训教材。

《现代绒毛用羊产业技术》是新型职业农民培训系列教材之一。本书以绒毛用羊产业技术为主线，以问答方式重点介绍了绒毛用羊产业现状及发展趋势、羊圈舍设计及养羊的主要设备、绒毛用羊的品种选择及引种、绒毛用羊的管理及饲养技术、绒毛用羊的保健及疾病防治技术、绒毛用羊的产品加工技术。重点就绒毛用羊产业农民实际生产中遇到的问题提出了相应的应对措施和解决办法等内容。该书资料翔实，通俗易懂，突出实用性，突出了新型职业农民培训教材的先进性、可读性、技术性、实用性和可操作性，既可作为绒毛用羊新型职业农民的培训教材，也可作为绒毛用羊生产技术及管理人员的参考用书。

本书由北京农业职业学院付静涛副教授、李玉冰教授、张永东、向双云讲师；云南农业大学成文敏副教授、北京市房山区农业局付凤生高级畜牧师、北京市通州区动物疫病控制中心刘建平兽医师、北京市怀柔区农业局刘全红兽医师共同编写，付静涛、成文敏、李玉冰担任主编。山东畜牧兽医职业学院教授徐建义、农业部科技教育司张景林和原农业部农民科技教育培训中心陈肖安等同志对教材内容进行了审定，在此一并表示感谢。

由于编者水平有限，加之时间仓促，教材中不妥和错误之处在所难免。衷心希望广大读者提出宝贵意见，以期进一步修订和完善。

编　者

2013 年 9 月

目 录

一、绒毛用羊产业现状及发展趋势

1.何谓绒毛用羊产业?

绒毛用羊产业是我国畜牧业的重要组成部分,也是我国广大农牧民赖以生存的主要产业。我国有强大的毛纺织工业,羊绒和羊毛是我国重要的出口创汇物资。绒毛用羊产业就是以市场为导向,以效益为中心,依靠龙头带动科技进步,以绒毛羊生产为主线,致力于构建从生产到消费、从研发到市场各个环节紧密的衔接,全面提升绒毛用羊质量的科技创新能力,增加广大农户的养殖效益。绒毛用羊产业就是通过建立“公司一体化示范基地+农户”、“公司+农民专业合作社+农户”的经营模式,对绒毛用羊生产实行区域化布局、专业化生产,实现绒毛用羊的饲养、饲料加工、免疫及产品销售“一条龙”的经营方式和产业组织形式。

2.目前国际市场绒毛用羊产业形势如何?

羊绒、羊毛是当今世界上最主要的动物纤维纺织原料,其复杂的蛋白质结构决定了其独有的特性和品质,这是合成纤维所无法比拟的。世界主要山羊绒生产国主要有中国、伊朗、蒙古、阿富汗、哈萨克斯坦、巴基斯坦、吉尔吉斯斯坦、土耳其等。中国是世界最大的羊绒生产国,约占世界羊绒总产量的 70%;蒙古约占 20%。近 10 年来中国的山羊绒产量一直处于上升的状态。目前世界上有近 100 个国家和地区有羊毛生产,但其中以中国、新西兰、澳大利亚、乌拉圭、阿根廷和南非 6 个国家为主。澳大利亚的羊毛产量始终处于世界第一,几乎占全球产量的一半。澳大利亚的羊毛生产影响整个世界羊毛产量。因澳大利亚大部分地区的旱灾降低了羊的产毛量,近 20 年来澳大利亚羊毛产量不断下降。中国和新西兰也是世界羊毛主产国,在世界羊毛市场中有较大比重。近 50 年来,中国的羊毛产量在波动中上升,在世界羊毛市场的比重逐渐增加。其他羊毛主产国如阿根廷、乌拉圭、南非,近年来羊毛产量持续下降。

3.影响现代绒毛用羊产业发展的因素以及应该解决的问题是什么?

(1)毛绒羊养殖受其他畜牧产品价格的影响,主要是羊肉价格的上涨等。

(2)合成纤维的种类产量不断增加。

(3)我国绒毛生产抵御风险能力较弱,保障体系不健全。我国绒毛用羊生产者多为边疆少数民族地区低收入群体,抵御市场风险、自然风险的能力差,另外还有季节性休牧转变,增加了农牧民生产性支出。

(4)我国绒毛市场受国内外毛纺市场需求变化影响较大。2007 年,澳毛较紧俏,国毛价格也达到之前 13 年来的最高,而 2008 年的国毛则因经济危机而出现了有价无市的情况。

(5)应该建立合理的绒毛用羊群体结构。调整并保持合理的饲养群体结构,使羊群中可繁母羊及后备母羊比例科学合理,确保绒毛产业可持续发展。同时根据市场对细羊毛、半细羊毛的需求及各地的生产条件,适当调整细毛羊、半细毛羊饲养比例,引导绒山羊养殖户调整羊群结构,淘汰产绒低、绒毛直径粗、繁殖不正常的羊只,提高羊绒生产的经济效益。

(6)应该加强产业链的各环节建设。促进养殖业与绒毛加工企业之间和谐发展,加强绒毛用羊产业与毛纺织业的沟通与交流,及时调整绒毛用羊育种目标、生产规模及生产结构,以确保绒毛生产效益,提高毛纺工艺技术、提升产品档次、增加创新能力,促进毛绒精深加工，带动绒毛产业发展。

(7)应该加强行业组织建设。行业组织对许多国家的养殖产业链环节之间的协调起了积极作用，如澳大利亚的农牧民合作组织等机构，在协调羊毛生产到流通各环节之间以及各环节与政府之间的关系，维护贸易规则，实现会员的利益方面起到了积极作用。我国的绒毛用羊产业是以千家万户的小生产为主，发展行业组织，组织分散的养羊户，实行统一组织、统一标准、统一分级、统一销售，建立绒毛生产标准化管理体系，使绒毛生产形成规模效益，有利于绒毛产业参与市场竞争。

(8)应该加强绒毛用羊产业体系建设。建立我国绒毛用羊科技支撑体系，加强毛绒羊产业链各个环节的技术研究，包括毛绒羊育种、毛绒羊饲养管理、毛绒市场流通等相关方面，以提升绒毛用羊产业的科技创新能力，提高绒毛质量、增加绒毛产量。

(9)应该加强国际间的合作与交流。根据绒毛用羊产业发展的需要，参照国际标准制订毛绒生产标准化体系，使绒毛产品与国内外市场能够很好地衔接起来，以提高中国绒毛产品国际竞争力。

4.如何加快实现我国绒毛用羊产业的现代化？

(1)建立主产区国家绒毛收储基地。以我国绒毛主产区产量建议在新疆、吉林、辽宁、内蒙古、甘肃、河北、陕西等省、自治区建立绒毛收储基地，对绒毛实行收储，以各地绒毛生产成本价格为收储的最低保护价(遵循优质优价)。一方面在毛绒价格低迷的情况下，能够保障农牧民的生活，保证绒毛用羊养殖行业不出现大的波动；另一方面毛绒收储基地可及时向毛纺厂提供充足毛纺原料。

(2)在毛纺织业发达地区和毛绒主产区建立高起点的毛绒市场。参与协调毛绒羊生产及毛绒纺织工业间的关系和促进毛绒产业平衡发展。在相关部门的支持下，健全各项法律法规政策，推行毛绒市场准入制度，完善羊绒、羊毛交易条款、管理办法，加强执法力度，规范毛绒流通。

(3)合理规划绒毛用羊产业布局。在全国范围内，遵循“立足资源、发挥优势、分类指导、区域开发”的原则，按照不同区域的生态条件及绒毛用羊对环境的要求，市场经济发展对绒毛产品的需要，目前绒毛用羊群的分布状况以及生产发展的可能性，进行总体布局。

(4)国家出台绒毛用羊价格补贴政策。绒毛用羊产业始终面临着市场、自然的双重风险，对绒毛用羊养殖实行补贴政策是各国政府的普遍做法。例如，美国《2002 年农业法》将羊毛纳入了销售贷款差额补贴范围，保证了农民顺利出售羊毛的最低保护价；细毛羊生产大国澳大利亚也有针对细毛羊生产的价格保护措施。

(5)国家制定相关法律法规政策，推动绒毛用羊产业发展。新中国成立以前，我国几乎没有生产细毛和半细毛的品种。国家政策及项目的不断支持，才使我国的细毛羊、半细毛羊从无到有发展到今天。

5. 我国羊毛业的发展现状如何？

最近十余年来，在世界羊毛产量呈下降势头的大背景下，中国羊毛产量却稳步增长，其中半细毛羊的产量增幅较大，粗毛羊和羊绒产量也有所增加，细羊毛产量则基本保持稳定。目前中国羊毛年总产量基本维持在 40 万吨以上，2009 年我国羊毛产量为 41.21 万吨，生产总量仅次于澳大利亚。

中国细羊毛、半细羊毛和其他毛(粗羊毛、杂交毛)羊的产量大约各占 1/3，半细羊毛和羊绒占比略有上升，而细羊毛比例则呈明显下降态势。1989 年细羊毛产量占羊毛总产量的 50.8%，20 世纪 90 年代末期，由于羊毛和羊肉比价不合理，细毛羊产区出现了土种公羊与细毛羊杂交的现象，细毛羊品种基因严重退化，严重影响了后代的形状和产毛能力，2009 年细羊毛产量占羊毛的比重下降到 34.1%，国内毛纺企业更多依赖进口高品质的澳毛，国产羊毛主要用于地毯和家具等，真正的美利奴细毛羊毛仅占羊毛产量的10%左右。

由于羊毛加工和消费能力巨大，每年仍约有一半以上的毛纺工业原料来自国外，其中精纺所用的细羊毛主要依赖从澳大利亚进口羊毛，澳大利亚已成为中国最大的羊毛供应国，2009年我国进口澳毛17.5万吨，占澳毛出口额的一半以上。研究表明，中国每年需35万吨左右净毛原料，虽然国产净毛折合为12.7万吨，但实际收购上来的羊毛最多为11万吨，仅占需求量的30%，中国国内羊毛供求缺口较大。

6.世界山羊绒的发展趋势如何？

(1)创建自主品牌将成为世界羊绒市场竞争的主题。意大利、英格兰、法国等国家不产羊绒，却拥有世界羊绒顶级品牌。而中国羊绒行业虽然已有几十个知名品牌，但“走出国门”的自主品牌却寥寥无几。中国羊绒最大生产企业鄂尔多斯集团一直尝试在国外打自主品牌，但在2006年出口产品中自主品牌仅占10%左右，其他都由世界知名的服装销售商贴牌销售。随着国际羊绒加工产业向中国境内转移，中国羊绒制品加工能力增强，出口结构从原料为主向羊绒制品转变。2006年，大量原绒进入中国羊绒深加工企业。羊绒产品种类增多：由无毛绒发展到羊绒纱、羊绒衫，从针织制品发展到机织制品和圆机一次性成衣；产品结构由粗纺、纯纺延伸到精纺和多元混纺。

随着国际通行的商业业态管理模式导入，中国羊绒制品档次稳步提高，很多知名企业包括鄂尔多斯、鹿王、天山、圣雪绒等，不再满足于为国外品牌作加工，而是在研发上下功夫，致力于开发拥有自主知识产权的产品，提高产品的科技含量，提高附加价值，培育国际知名品牌。

(2)羊绒制品的消费量逐年增加，消费逐渐迈向大众化。从经济学角度讲，羊绒制品属于高档消费品，无论是增加收入还是降低价格都会使需求量增加。随着羊绒工业的发展以及全世界人民生活水平的提高，羊绒制品正在逐步迈向大众化，消费需求逐年扩大。很多国家的制造商也在致力于打造低价位羊绒衫，将其毛衣工业设置到低成本国家，低价位使欧盟的羊绒衫进口迅猛增长。

(3)配额制度取消后，羊绒市场将在新的贸易环境下，重新整合。配额制度取消后，羊绒产业链条将在一个公平、自由、互利的全球市场竞争中重新发挥它的作用，羊绒产业将会在全世界范围内实现最优化的资源配置。因此，世界所有羊绒企业都将面临新的机遇和挑战。国际市场上的羊绒衫有 3/4 是中国产品，但是真正挂中国品牌的不足 20%。前几年受配额限制，中国出口的羊绒制品大部分靠“贴牌”低价售卖产品，使中国羊绒制品在国际市场上的售价一直高不起来。随着 2005 年全球纺织品配额的取消，国际市场空间扩大，中国的羊绒制品生产能力将进一步释放，中国羊绒业由于其资源优势和产品优势，将吸引更多的国外资本、先进技术、先进管理等要素，加强与各国的合作。促进中国羊绒业在质量、管理、环保、品牌等方面的发展，推动产业升级。而外国的一些羊绒制品企业，即将面临中国羊绒制品大量进入国际市场的冲击，将会寻找劳动力较中国更为廉价的发展中国家作为合作伙伴，开辟多元化市场。

(4)人民币升值将导致国际市场的羊绒制品在短期内减少。中国是世界羊绒及羊绒制品主要的生产和出口大国，而低价位是中国羊绒出口的优势，人民币升值意味着羊绒出口价格的相对提高。此时会降低中国产品在国际市场上的价格竞争力。羊绒出口企业还会遭受出口收入转化成人民币时的汇兑损失，降低羊绒出口企业的利润率。另外，2007 年人民币升值、劳动力价格上升、原材料和能源价格的上涨等导致生产成本增长，这将对出口贸易依存度大的羊绒企业造成短期冲击，尤其是严重影响那些以低价格取胜、科技含量较低的羊绒制品出口。

(5)随着贸易量的增大，国际间的贸易摩擦必将加剧。由于欧美等国家取消了配额限制，中国的羊绒制品出口将呈现一定的增长态势，随着贸易量和贸易额的逐步增加，贸易摩擦在数量和规模上将继续扩大。首先，贸易摩擦在结构上趋于多样化和复杂化；其次，未来的贸易摩擦将由面到点、线转变，对于出口产品和出口市场相对比较单一的企业而言，受贸易摩擦的影响就会更大；再次，贸易摩擦的不确定性和复杂性使出口企业应对更为困难。

(6)国内外行业合作是必然趋势。企业为了更好地适应环境生存，在经历了充分竞争之后，必然主动走联合，通过兼并重组或建立战略合作关系构建大型集团，实现资金、产能、技术、人力、客户资源的互补共享，实现规模化经营和产业化生产，以完整的产业链整体参与市场竞争，发挥整体优势。中国科技部、内蒙古科技厅及鄂尔多斯集团三方投入巨资，建立了国家羊绒制品工程技术中心，加强羊绒纺织技术研究与创新。合作成为全球化经济发展的模式，是市场经济和全球化的必然要求。中国进出口商会羊绒分会，组织了中国羊绒企业联合会和中国北京国际羊绒交易会，为国内外知名企业搭建了良好的交易平台。

7.我国绒山羊的分布与羊绒产量如何？

山羊绒有“纤维宝石”、“软黄金”之称。我国山羊绒产量不仅占世界首位，而且质量也优于伊朗、蒙古等国。1988 年为 4 710 吨，2002 年达 11 765 吨，占世界羊绒产量的 60%，其中，内蒙古是我国羊绒的集中产区；辽宁是中心产区；河北是我国山羊绒加工和贸易集散地。

我国有以鄂尔多斯、雪莲、圣雪绒、兔皇、春竹、鹿王等为代表的大型羊绒加工企业，国际市场上每年有 2/3 的羊绒加工制品来自中国。全球原绒年产 1.6 万～1.7 万吨，中国 1.2 万～1.3 万吨，占世界原绒产量的 75%以上；世界超过 90%的羊绒原料在中国完成初加工处理；世界羊绒消费市场有 3/4 以上的商品是产自中国的。具体情况如下。

内蒙古：全区羊绒产量和质量居我国首位。所产羊绒细长、手感柔软、拉力大、光泽好、颜色正白，多呈冰糖色，含粗毛少，净绒率高。一般西部品质好于东部地区，颜色以白绒为主。年产羊绒4 200吨，主产于鄂尔多斯市、巴彦淖尔、阿拉善盟、锡林郭勒盟和赤峰市。

新疆：所产羊绒纤维较长，拉力大，光泽好，颜色较杂，粗散毛的柔软性较差。细度14～16微米，个体产绒量150～300克，杂质含量较少，净绒率较高。年产羊绒810吨，主产于北疆的阿勒泰、塔城和青河地区，南疆的阿克苏、喀什、和田地区以及东疆的哈密、巴里坤等地。其中以北疆各地产量大，品质较好，南疆、东疆次之。

陕西：羊绒纤维细而短，瓜子较小，绒色较杂。紫绒生产占一定比例，手感好，油性适中，粗毛等杂质含量较大，洗净率和净绒率不高。年产绒780吨，主产于陕西北部的延安和榆林地区，其中榆林地区羊绒品质较好。

山西：所产羊绒绒瓜小而薄，纤维较细且短，长度40毫米左右，粗散毛较长，颜色深浅不一，手感发涩。年产羊绒710吨，主要分布在吕梁、忻州、临汾三地区。主产于五寨、岢岚、离石、兴县、隰县、石楼、永和等地。

西藏：所产羊绒纤维较细、柔软，光泽柔和，弯曲多呈浅弯，富有弹性，毛色较杂，绒细度14.5～15.5微米、长度40～50毫米，净绒率在45%左右。年产羊绒592吨，主产于阿里、那曲、日喀则地区，集中分布在日土、改则、革吉、尼玛、文部、班戈等县。其中以日土、改则品质较优。

青海：所产羊绒膘薄，净绒率较高，洗净率60%～62%。年产羊绒420吨，主产于海西州的都兰、乌兰及德令哈等地，以海北州产量大，品质较好。

甘肃：所产羊绒纤维较粗，含杂少，洗净率高，净绒率达46%左右，平均细度15.5微米，长度较短，在40毫米左右。年产羊绒410吨，主要集中在肃北、肃南以及庆阳地区的还县、花池、合水等地。

河北：所产羊绒纤维较粗，手感发涩，粗毛较长，并有透心绒。年产羊绒400吨，主产于太行山山区及北部的张家口地区和承德地区。河北省的紫绒产量也较多，集中在定县、唐县、易县等地。

宁夏：所产羊绒纤维细长，手感好，含杂质较少，洗净率较高。年产羊绒390吨，主要集中在贺兰山东麓的银北地区和六盘山附近地区。以惠农、平罗、银川市郊、中卫、海原、西吉、固原等地产量较大。

辽宁：所产羊绒纤维长，牵伸度好，拉力、弹性大，青白有光，手感好，细度较粗，多在15.5～16.5微米，净绒率在58%左右。年产羊绒310吨，以盖州为中心，辐射辽东半岛。主产于盖州、庄河、岫岩、本溪、辽阳、风城、宽甸、瓦房店等地。

山东：所产羊绒纤维较细而短，均匀度、色泽较好。年产羊绒280吨，主产于泰山和沂蒙山周围地区，集中产于泰安地区和淄博地区。

8.我国的细毛羊改良工作进展如何？

中国的细毛羊改良工作，主要从20世纪30年代开始，采取边扩繁选育边推广改良的发展战略和高新技术与常规技术相结合的技术路线，品种改良取得了显著进展。

选育方面：由于运用现代先进育种技术、严格选种、选配、科学饲养管理和严密的育种组织等有力措施，使优质细毛羊种群质量和生产性能得到不断提高。

扩繁方面：由于应用超数排卵、胚胎移植、当年母羔配种和冷冻精液、腹腔内窥镜子宫角深部输精等高新技术，加快了种群的繁殖速度。

羊毛试纺情况：新疆农垦组曾将优质细毛羊及其改良羊生产的70支纱羊毛5吨，送经上海第一毛纺厂和浙江嘉兴第二毛纺厂进行批量试纺。结果认为：该批羊毛除具有美利奴羊毛基本优良特征外，更为突出的是羊毛细度细、毛纤维长、光泽好、手感也好。

做出的毛条、外观、手感及物理指标基本符合 70 支纱进口澳毛条要求，个别指标还优于澳毛条。在生产加工过程中工艺性能、染色性能与澳毛基本一致。做成精纺呢绒具有高档外观，手感弹性好，膘光足，投放市场受到客户一致好评。

实践表明，优质细毛羊适于放牧饲养，在严寒和产羔季节适当补饲情况下，种群的繁殖、生长发育、主要生产性能均正常，疾病较少。由此可见，优质细毛羊对所在地区自然环境和饲养条件有较强的适应能力。

综合所述，所选育的优质细毛羊种群已具有以 66～70 支纱为主体细度的细毛型细毛羊品种特征，净毛产量、羊毛细度、毛长、体重等主要生产性能和羊毛综合品质均好，对饲养地区的自然环境和饲养条件适应性较强。用其改良 60～64 支纱细毛羊，效果明显。由此可见，优质细毛羊优良特性的遗传性已基本稳定。从市场情况看，对 66 支纱以上细毛羊优质羊毛需求量正在不断增大，供不应求，只要坚持实行按质论价，在今后相当长时期内，细毛型优质羊毛发展前景十分广阔。

二、羊圈舍设计及养羊的主要设备

9.绒毛用羊圈舍在建造上有哪些具体要求?

建造绒毛用羊舍的主要任务是给羊创造一个舒适的生活环境。羊舍应根据当地的气候,以及羊只的年龄、性别、生理状态的不同,本着实用经济的原则进行修建。

(1)总体要求:地势要相对较高,排水通风良好,要建在办公室的下风口,屋角对着冬春季节的主风方向,羊舍要接近放牧地和水源。南方地区养绒毛用羊建羊舍,防暑、防湿重于防寒。高温多湿地区的羊舍必须舍内干燥、空气流通、光线充足、冬暖夏凉,为此应建开敞式或半开敞式羊舍,舍内架设离地羊床,舍外应种植果树,以利于防湿、防暑和防病。

(2)羊舍面积:羊舍应有足够面积,使羊在舍内不能太拥挤,可自由活动。羊舍面积过大,不但造成浪费,也不利于冬季保温;面积太小,羊只过于拥挤,会使舍内潮湿,空气不好,有碍羊的健康,给饲养管理带来不便。

(3)屋顶:要完全不透水,排水良好,能耐火耐用,要有一定坡度,除平顶和圆拱顶外,若用树皮、瓦、草料做屋顶,分别需要有5°、35°、50°的坡度,以利于防水和排水。南方羊舍屋顶应着重于防暑,所以用水泥屋顶时应设隔热层。舍内因上部温度高,屋顶内外的温度大于墙内外的温度。屋顶通常采用多层建筑材料,增加保温性。双坡式屋顶,用于中型羊场的双列式羊栏。单坡式屋顶一般用于小型羊场的单列式羊栏。羊舍应有一定的高度,羊棚过低,夏季会闷热;过高,不利冬季保暖,故一般以 2.5 米左右为宜。

(4)墙:不论采用砖墙、石墙、土墙,都应考虑造价、保温和消毒问题。冬季通过墙体的散热量占畜舍总散热量的35%～40%。砖墙最常用,砖墙厚度分为半砖墙、一砖墙和一砖半墙。温带地区也有用铝板、玻纤板做保温隔热墙的。南方农村非承重墙采用当地竹木做隔墙,透气凉爽,保温性差,但也实用。

(5)窗、门:要坚固耐用,舍饲羊舍的圈门主要用于饲料运输、出粪以及羊只转群时的赶羊。因此,不论舍门圈门,其宽度以能够出入人力车为宜。门要保证羊只自由出入。羊舍门应向外开,不设门槛。至于留作驱赶羊只的用门,可窄小一些,以便开关。门太窄易因拥挤造成怀孕羊流产,因此,怀孕母羊羊舍的门适当宽一些。开敞式羊舍背面的窗户应当宽大,下沿离地面的高度不应多于80厘米,以保证夏季通风良好。在设计上,要求冬春季容易堵严,夏秋季容易充分打开。

(6)地面:绒毛用羊舍地面要求坚实、平整、致密、无裂缝、不硬滑,能抗消毒液侵蚀、由里向外应有一定倾斜度,靠外面的低地处应开设排粪沟。北方通常采用地面作羊床,供羊只卧息,排泄粪尿。一般要求地面保温性好,用导热小的材料建造。地面设计要求羊只卧息舒服,能防止四肢受伤或蹄病发生。用砖铺设地面,效果也不错。羊舍内的地面应高出运动场20～30厘米,以土地面为宜。如果当地土质太黏,渗水性差,可铺沙土。地面应有斜度,便于排污,利于清扫、消毒。

(7)运动场:羊舍外设运动场,与羊舍相连,运动场的面积一般为羊舍面积的3倍左右,地面向南呈斜坡,便于排水,保持场内干燥,周围用砖或其他材料砌成围墙。运动场围墙高度,小羊为1.5米,母羊为2米,公羊为2.2米。运动场内应架设饮水装置、草架、食槽等。运动场外周栽树,夏季避暑乘凉。

10. 绒毛用羊圈舍基本形式有哪些?

(1)绒毛用羊舍按其结构可划分为以下几种基本形式。

①按着屋顶的样式，可分为单坡式、双坡式、钟楼式、拱式、双折式等类型。单坡式羊舍，跨度小，自然采光好，适用于小规模羊群和简易羊舍选用；双坡式羊舍，跨度大，保暖能力强，但自然采光、通风差，适合于寒冷地区采用，是最常用的一种类型。在寒冷地区，还可选用拱式、双折式、平屋顶式等类型；在炎热地区可选用钟楼式羊舍。

②按着绒毛用羊舍围墙形式，可分为“一”字形、“厂”字形或“门”字形等。其中，“一”字形羊舍采光好、均匀，温差不大，经济适用，是较常用的一种类型。

③按着绒毛用羊舍封闭的程度，可划分为开放与半开放式、封闭式和棚式三种类型。开放与半开放舍，三面有墙，开放舍一面无长墙，半开放舍一面有半截长墙，保温性能较差，通风采光好，适合于温暖地区，是我国较普遍采用的类型；封闭舍四周墙壁完整，保温性能好，适合较寒冷地区采用；棚舍，只有屋顶没有墙壁，防太阳照射，适合于炎热地区。

(2)生产中常用的绒毛用羊舍。

①吊楼式。双坡式屋顶，小青瓦或草覆盖。后墙与端墙为片石，前墙柱与柱之间为木栅栏。这种羊舍，高出地面 1～2 米，安装吊楼，吊楼上为羊舍，吊楼下为接粪斜坡，后与粪池相连。楼面为木条漏缝地面。这种羊舍的特点是离地面有一定高度，防潮、通风透气性好、结构简单，适合于南方炎热、潮湿地区采用(图 1)。

②窑洞棚圈式。在土崖处挖成，冬暖夏凉，有的为直筒式留一个出口，有的呈“凹”字形，留两个出口，适用于我国西部(图 2)。

③棚舍结合式。一种情况是在羊舍一侧，三面有墙、一面敞开的棚，平时羊在棚内，产羔时才进入羊舍；另一种情况是三面有墙，向阳一面有高 1～1.2 米矮墙，矮墙上部敞开，矮墙外为运动场(图 3)。

④“一”字式。舍内采光充足，舍温变化不大。舍外设运动场，运动场内设草料架及饮水设施。根据顶棚情况可分为双坡式、单

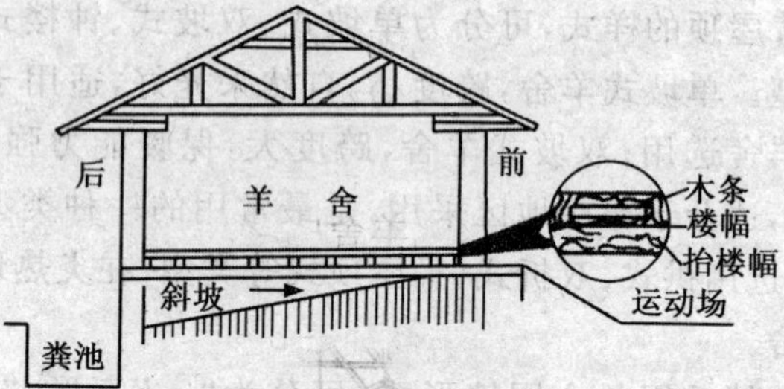

图 1 吊楼式羊舍侧剖面示意图

图 2 窑洞棚圈式羊舍

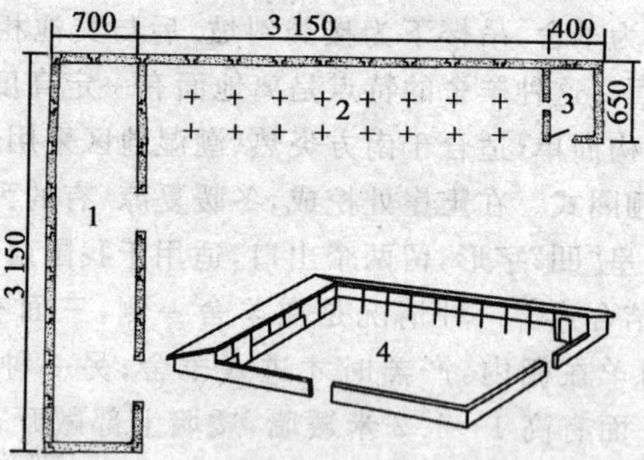

图 3 棚舍结合单坡式羊舍(毫米)

1. 半开放羊舍 2. 开放羊舍 3. 工作室 4. 运动场

坡式和拱式。根据通风情况可分为敞开式、密闭式和半开式。“一”字形羊舍多为双列式，包括双列对尾式与双列对头式。双列对尾式羊舍两侧靠墙为饲槽、水槽和通道。“一”字形羊舍地面铺垫水泥、木板或砖石双列对头式羊舍中间为通道，两侧为饲槽和水槽（图 4、图 5）。

图 4 “一”字形对头式羊舍

图 5 “一”字形对尾式羊舍

⑤农户简易式。用铁丝网、木条、铁管等围成一圈。圈内有遮雨避寒的简易羊舍。适用于农家副业养羊。利用旧房屋、空猪圈

改建而成(图 6)。

图 6　农户简易羊舍

11. 如何合理布局与规划绒毛用羊场?

绒毛用羊场生活区(包括场办公室和生活宿舍)应占全场上风和地势较高的地段,其余依次为生产区(包括产品加工、贮藏库、精饲料贮存库等)、粪便处理区和病羊隔离区。粪便处理区位于最低地段和下风处。这样有利于保证生产生活不受不良气味、噪声及粪便污染,有利于卫生防疫。

如图 7 所示。在规划布局时,要充分考虑各分区的特点和需要,因地制宜,统筹规划,合理利用地形地物,并留有发展余地。

(1)生活区:生活区与生产区应严加隔离,生活区应设在靠近交通干线,进出方便的位置,并靠近居民生活区。羊场的物资运输与外界联系频繁,注意防止传播疫病,有必要分开场内运输与场外运输。场外运输工具不得随意进入场内生产区,其车棚、车库应设在生活区。

(2)生产区:要考虑羊舍与放牧场、打草场及青饲料地的联系,生产区应设置在放牧管理方便,距离草地最近的地方。根据生产

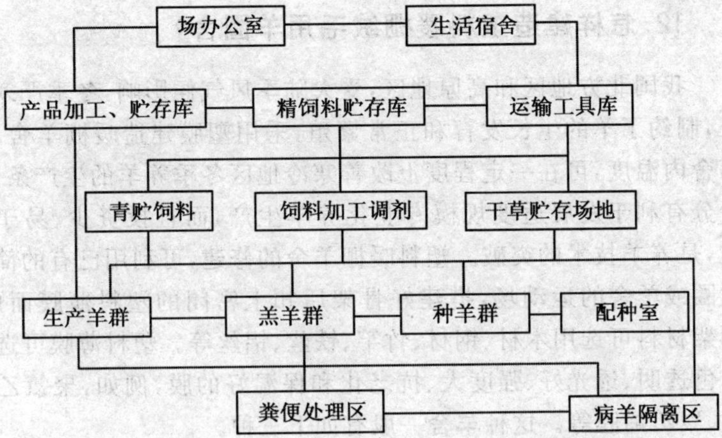

图 7　绒毛用羊场布局平面图

规模大小、饲养目的和饲草料条件等因素进行全面规划和配置，并有侧重。饲料的供应、贮存、加工调制是羊场重要的生产环节。羊场对干草需要量大，其堆放场地要大，位置既要运输方便，又要利于防火安全。为保证防疫安全，应将种羊、羔羊、生产羊群分开，设在不同地段，分区饲养管理。种羊群、羔羊群应放在防疫比较安全的上风地段。

(3)隔离区：病羊隔离区要设单独通道与出入口，尽量与外界隔绝。为防止疫病传播与蔓延，病羊隔离区应设在生产区的下风与地势较低处，并与生产区保持一定距离。

(4)污粪处理区：位于羊舍远端，避免与饲料通道交叉。污粪处理区应设置在全场下风、地势最低处，与饲料调制方向相反的一侧。

(5)隔离场区：隔离场区应距羊场 2 000 米以上，主要用于引入种羊隔离检疫期使用。

12. 怎样建造塑料暖棚绒毛用羊圈舍?

我国北方地区和高原地区,受大陆季风气候影响,冬季严寒漫长,制约了羊的生长发育和正常繁殖,采用塑膜建造暖棚羊舍,提高舍内温度,可在一定程度上改善寒冷地区冬季养羊的生产条件,十分有利于发展适度规模专业化养羊生产,而且投资少、易于修建,是养羊技术的突破。塑料暖棚羊舍的修建,可利用已有的简易敞圈或羊舍的运动场,搭建好骨架后扣上密闭的塑料薄膜而成。骨架材料可选用木材、钢材、竹竿、铁丝、铝丝等。塑料薄膜可选用白色透明、透光好、强度大、抗老化和保温好的膜,例如,聚氯乙烯膜、聚乙烯膜等。这种羊舍一般有如下三种。

半拱形塑料暖棚,适用于我国东北地区。迄今已发展为既能种菜又能养羊的种养结合棚。棚顶由于采用双层塑料覆盖,中间有 80～100 毫米空气隔层,保温性能好(图 8)。

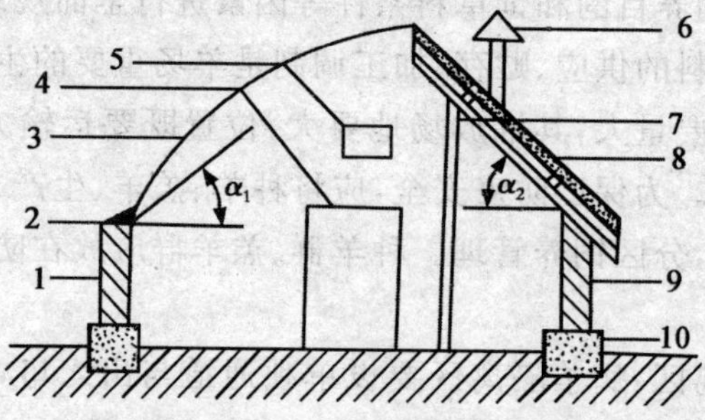

注:角 α_1 为 40°,角 α_2 30°～35°,地理纬度越高则夹角越大。

图 8 半拱形塑料暖棚

1. 前墙 2. 棚架 3. 塑料 4. 门 5. 进气孔 6. 排气孔 7. 支柱 8. 后屋顶 9. 后墙 10. 房基

双斜面塑料暖棚,又可分为两个塑料棚面相等的等式暖棚和两个塑料棚面一长一短的不等式暖棚。目前以等式暖棚居多,南北设置,上午光线从东棚面进入,下午光线从西棚面进入,故光照时间长，四周有墙，抗寒保温性较好，棚中间圈栏呈双排列，中间为通道。双斜面塑料暖棚不耐雪压，不耐大风，盛夏季节的热气难以排出。

单斜面塑料暖棚，大多数用玻璃温室改建而成，东西延长，坐北朝南。一般棚北有后墙，能防寒保温。左右为山墙，棚中有隔栏(图9)。

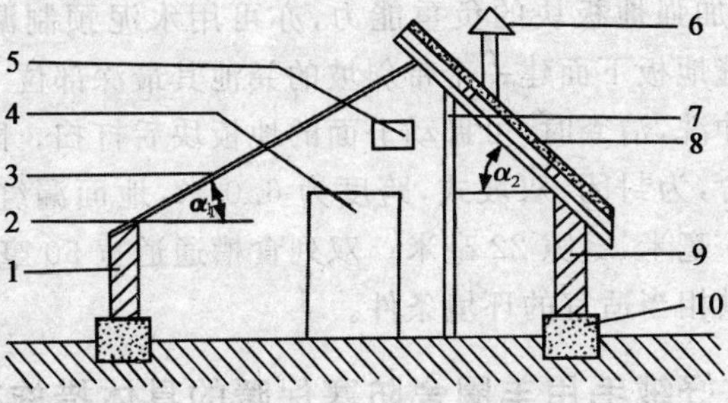

注：角 α_1 25°～40°，角 α_2 30°～35°，地理纬度越高夹角越大。

图9 单斜面塑料暖棚

1. 前墙 2. 棚架 3. 塑料 4. 门 5. 进气孔 6. 排气孔 7. 支柱 8. 后屋顶 9. 后墙 10. 房基

在北方地区的寒冷季节，塑料暖棚羊舍的最高温度可达3.7～5.0℃，最低温度为－2.5～－0.7℃，分别比棚外温度提高4.6～5.9℃和21.6～25.1℃，基本能满足绒毛用羊的生长发育要求。

13. 为什么绒毛用羊圈舍的地板要留漏缝？

为了保持羊舍的通风干燥，在气候潮湿的地区，要建造带漏缝地板的羊舍。冬春季节，楼下住羊，楼上储存干草。夏秋季节羊住在楼上，尿水通过漏缝地板落入楼下。在我国华北地区，带漏缝地板的羊舍只为了把羊的粪尿落入地下，保持羊舍干燥清洁，无需造价较高的带漏缝地板的楼房式羊舍。羊舍采用双坡砖木结构，后墙高 1.8 米，中梁高 3.0 米，前檐高 2.5 米，前墙高 1.0 米。如作产房用的房，其前墙上装窗，以便保温。因室内靠北墙设通道和饲槽，所以羊舍跨度为 7 米。饲槽南面的地面可用 3～4 厘米宽的木材或竹片制成(缝隙 1.5～2.0 厘米宽，缝隙的间距为每隔 3～4 厘米一条缝隙)1.0～1.5 米长、0.5 米左右宽的地板块敷设，木条和竹片的厚度以足能承受上面羊只重量为宜，或可加密地板块下面的支撑，以加强地板块的负重能力，亦可用水泥预制漏缝地板敷设。在漏缝地板下面建一个带斜坡的粪池其最深部位 1.0 米。平时可不用冲洗，清粪时，可挪动上面的地板块后打扫。国外典型漏缝地面羊舍，为封闭、双坡式，跨度为 6.0 米，地面漏缝木条宽 50 毫米，厚 25 毫米，缝隙 22 毫米。双列食槽通道宽 50 毫米，可为产羔母羊提供相当适宜的环境条件。

14. 做好绒毛用羊圈舍防寒保暖的具体措施有哪些？

比较温暖地区的产仔舍、寒冷地区的羊舍，幼羊舍则必须供暖。当羊舍保温不好或过于潮湿、空气污浊时，为保持较高的温度和有效的换气，也必须供暖。

(1)由一个集中供暖设备，通过煤、油等的燃烧产热来加热水或空气，再通过管道将热介质输送到舍内的散热器，放热加温羊舍的空气。

(2)有电暖气、红外线灯、电热保温板等，主要用于哺乳羔羊的局部供暖。

(3)在我国北方地区，为了节约能源，降低养羊成本，一些养羊专业户和部分规模羊场采用塑料暖棚养羊，利用太阳能供暖，取得了良好的效果。

(4)有些羊场采用火墙、地龙、火炉等方式供暖。这些方式简便易行，但对热能的利用不合理，效果不理想。

(5)还可以通过加大饲养密度，加铺垫草，防治舍内潮湿，控制气流等方法来提高羊舍温度。

15. 怎样制作绒毛用羊的饲草架和饲料槽?

(1)饲草架:饲草架用于补饲青干草,利用草架喂羊,可避免践踏饲草,防止粪尿污染,还可整个投喂,具有省草、省工、减少浪费的优点。除羊舍内设置有饲草架,供羊只的采食外,运动场内也应设固定式或移动式草架。饲草架设计长度以采食羊只不挤压为准。高度应不让羊只进入槽架内,防止草料抛落浪费。

饲草架有多种形式,有靠墙设置的单面固定草架,有长方形两面草架。有的利用石块砌槽,水泥勾缝,钢筋作隔栅,制成的饲草架,草架隔栅可用木料或钢筋制成,宽 0.8～1 米,长 3～5 米长方形饲草架。栅的间距一般 9～10 厘米,羊从隔栅中间采食,羊头不能伸入。也可做成两隔栅相距 15～20 厘米宽的草架,使羊头可以自由伸过去采食。

(2)饲料槽:主要用于补饲精料和颗粒料。

①移动式饲料槽。这种饲料槽移动存放方便。利用木板或铁皮制成,一般作为冬春季舍饲期妊娠母羊、泌乳母羊、羔羊、育成羊补饲用。每个槽长 2 米左右,上宽 15 厘米左右,下宽 13 厘米左右,高 10 厘米左右。

②固定式饲料槽。以舍饲为主的羊舍应修建永久性固定式饲槽。双列对尾式羊舍,饲槽应修在靠窗户走道一侧;双列对头式羊舍,饲槽应修在中间走道两侧。饲槽可用砖、石、水泥砌成,饲槽上宽 45 厘米,下宽 35 厘米左右,深 20～25 厘米,离地面 40～50 厘米,槽底应为半圆形,以便于清扫。槽长按每只羊占 40 厘米计算。

③自动饲料槽。是在一个高 40～50 厘米的方形或者圆形支架上铺设直径约 2 米的圆形底盘,盘的周边高出盘底约 15 厘米,在离盘底边缘内 15 厘米处,围一高 40～50 厘米的圆筒,靠底盘的圆筒下边,每隔 15 厘米左右,留一个宽 12 厘米、高 20 厘米左右的方孔,在圆筒内装置一直径与圆筒内径相同的圆头锥形光滑隔板,饲料加在圆筒内,羊只从圆筒下边方孔圆盘边缘食槽采食,饲料不

断从孔内下落。可用砖、石、水泥制成固定式的，也可用竹、木、汽油桶制成移动式的。

④活动式羔羊补饲槽。一般用数个栅栏或铁框网栏设于羊舍靠墙处，其间设栅门，门大小以大母羊不能入内，羔羊可自由出入为宜。栏内设放补饲槽。用于母羊产羔或弱羊的隔离饲养的活动式母子栏，一般采用木制栅板，以合页连接而成。

16.绒毛用羊场场址选择有什么具体要求？

根据绒毛用羊场饲养管理模式（舍饲、放牧或者舍饲结合放牧）、生产特点（种羊场或商品羊场）等不同，全面考虑对土质、水、地势、风向、位置等的具体要求。

(1)周边环境。交通要方便，但不能直接靠近主要公路，集约化羊场最好离公路主干道 100～300 米，便于防疫和防噪声；电力供应要有保障，且靠近输电线路，减少供电投资；远离居民区和厂区，使不受周围环境污染，也不影响周围环境。可适当考虑放牧问题。

(2)沙壤土。沙壤土具有黏土导热性小，热容大，土温比较稳定等特点；又具沙土的透气、透水性好，持水性小，雨后不会泥泞，易于保持干燥，可防止病原菌、寄生虫卵、蚊蝇等生存繁殖。所以，羊场地面的土质选择应以沙壤土类为主。

(3)用水需求。羊的需水量夏季大于冬季，舍饲大于放牧。成年母羊和羔羊放牧需水量为 5 升/(只·天)和 3 升/(只·天)，舍饲需水量相应分别为 10 升/(只·天)和 5 升/(只·天)，水质必须符合畜禽饮用水的水质卫生标准。同时，应注意保护水源不受污染。水量必须保证场内职工用水、羊饮水和消毒用水需求。

(4)地形地势。要求地势高燥、地下水位低(2 米以下)、有微坡(1%～3%)、在寒冷地区背风向阳，地势开阔。切忌在低洼涝地、山洪水道、冬季风口等地修建羊舍。

(5)通风及挡风。由于各地气候差异悬殊，南方天气酷热而潮湿，夏季盛行东南风，冬季常受北方寒流侵袭；北方干燥而寒冷，又有明显季风特征。所以在场址选择时应充分利用地形挡风，重点避开冬季北风通道，场地一般都应选择坐北朝南方向。在炎热地区应充分利用东南风的主风道，以利场区通风降温避暑。

(6)占地面积。一般羊场生产区的面积按每只羊占 10～20 米^2 计算，种羊场每只羊占面积多一些，商品羊场每只羊所占面积可适当少一些。生产区与生活区及未来的发展要相互兼顾，并要留有余地。具体情况要根据管理方式、饲养数量、集约化程度及饲料供应情况等因素确定。

(7)防疫要求。羊舍地址必须选在历史上从未发生过羊的任何传染病的地方。羊场内病畜隔离室、贮粪池、兽医室、尸坑等应位于羊舍的下坡下风方向，以避免场内疾病传播。

17. 绒毛用羊场必备青贮设备有哪些?

(1)青贮池(图 10、图 11)。青贮池壁要用砖、水泥砌成长方形，剖面呈上大下小的倒梯形。一般宽 2～4 米，深 3～4 米，长度一般为 5～15 米不等，结构简单，成本低，长期耐用，但池中易积水，引起青贮料霉烂，因此，在其周围必须要挖排水沟。

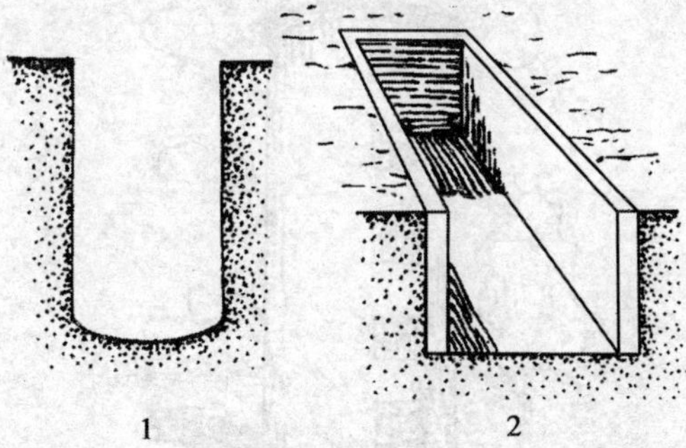

图 10　地下青贮池

1. 圆形青贮池　2. 沟形青贮池

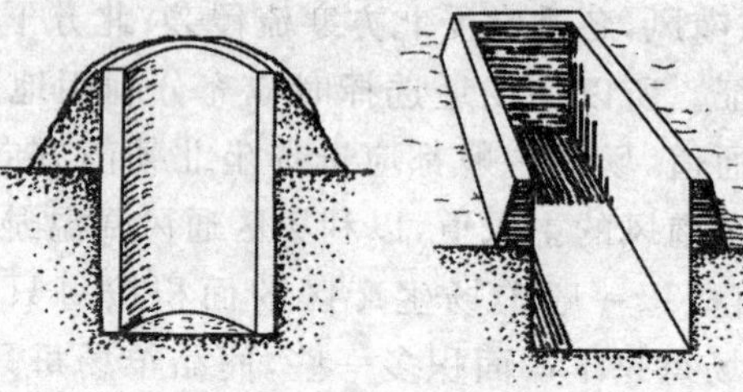

图 11　半地下青贮池

1. 圆形青贮池　2. 沟形青贮池

(2)青贮塔(图 12)。青贮塔分为半塔式和全塔式两种。半塔式埋在地下深度 3.0～3.5 米,地上部分高 4～6 米,塔用木材、砖石砌成。全塔式直径通常为 4～6 米,高 16 米。塔基坚实。塔壁有足够的强度,表面光滑。不透水、不透气。塔侧壁有取料口,饲料自重紧压程度大,空气少,青贮料损失少。但建筑费用高。

图 12　圆形青贮塔

(3)青贮袋。散户养殖可用此种方式。具有成本低,简便易行,青贮损失少的优点。此袋为一种特制的塑料袋,可根据实际需要,进行裁剪,确定用量。

18.绒毛用羊场所需设备有哪些?

(1)牧草收获机械。它包括割草机、搂草机、饲草压扁机、捡拾打捆机、装载机和集垛机等。通过割、搂、集、捆、垛等工序生产贮备优质干草。

割草机按切割方式可分为往复式与旋转式。

捡拾压捆机按压捆形状可分为方捆机和圆捆机。

搂草机按搂成草条方向可分为横向搂草机和侧向搂草机。

(2)颗粒饲料机。将一定比例配合的粉状饲草料,经过混合、压制、切割成饲料颗粒,其营养成分全价,分布均匀,避免挑食,便于贮藏,有利于集约化羊业发展。

(3)秸秆调制设备。秸秆调制设备由喂入器、铡刀、喷液泵、搅拌器和输入管道等部件组成,有的还能将秸秆压裂,使碱液渗入秸秆组织。

我国研制生产的秸秆调制设备,设计新颖,操作方便,适用性强。

常用秸秆调制是坑埋、缸装、窖存、塑膜包裹等,其生产周期长,质量不稳定,不能连续批量生产,污染环境,而以氨化为主体的秸秆调制设备则无此缺点。

(4)饲料粉碎机。常用的有齿爪式和锤片式两种。

(5)铡草机。按机型可分为大型、中型和小型。按切割部件可分为圆盘式、滚刀式和轮刀式。按固定与否可分为固定式和移动式。选用时,要求切割长度能在3～100毫米范围内进行调节,切割各种作物茎秆、牧草和青饲料,压碎粗硬秸秆,切茬平整无斜茬。喂料出料机械化,运转负荷均匀,能量比耗小。

(6)饲料搅拌机。羊的饲料搅拌机可分为立式和卧式两种。按照饲养标准,将各种饲草料原料、维生素和微量元素均匀混合(图 13、图 14)。

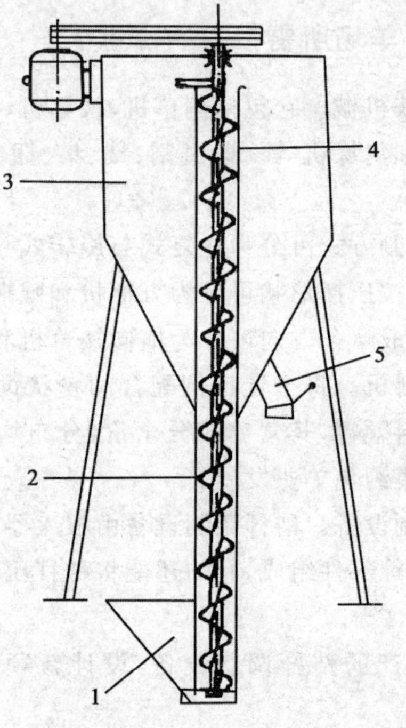

图 13　立式搅拌机

1.受料斗　2.垂直搅拌　3.圆筒　4.搅拌外壳　5.卸料活门

(7)粗饲料压粒压块机。包括粉碎机、喂入与计量装置、搅拌机及冷却器等。它可将牧草、秸秆切碎后压制成草块。在压制过程中,可进行碱化处理以提高粗饲料消化率,可掺入各种添加剂以制出全价饲料,同时加快采食速度,减少饲草料浪费,降低饲喂成本。

我国生产的颗粒饲料机有立轴平模式和卧轴环模式两种。立

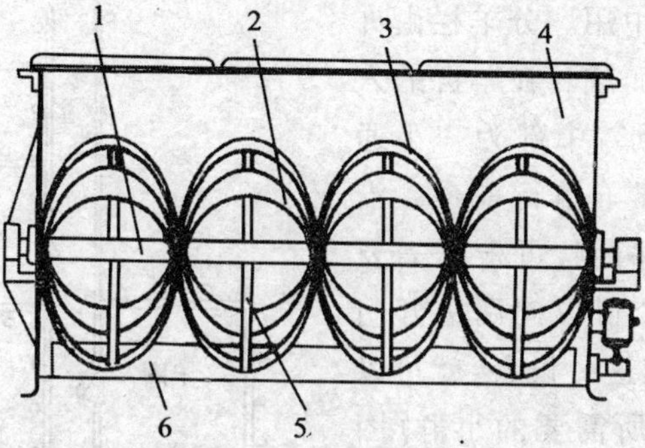

图 14　卧室搅拌机

1.主轴　2.左螺旋叶片　3.右螺旋叶片

4.机壳　5.叶片连接杆　6.卸料活门

轴平模式结构简单，平模造价低，易于制造，磨损后易于修复。

(8)剪毛用具。剪毛分机械剪毛和手工剪毛两种。机械剪毛是用一种专用的剪毛机进行剪毛，速度快，质量好，效率比手工剪毛高 3～4 倍。手工剪毛是用一种特制的剪毛剪进行剪毛，劳动强度大，1 人 1 天能剪 20～30 只羊。

(9)梳绒用具。绒山羊的梳绒用具是专用的铁抓子，一种较密，另一种较稀(图 15)。

(10)分羊栏。供羊分群、鉴定、防疫、驱虫、测重、打号等生产

图 15　梳绒铁抓子

技术性活动中用。分羊栏由许多栅板连接而成。在羊群的入口处为喇叭形,中部为一小通道,可容许绵羊单行前进。沿通道一侧或两侧,可根据需要设置 3～4 个可以向两边开门的小圈,利用这一设备,就可以把羊群分成所需要的小群(图 16)。

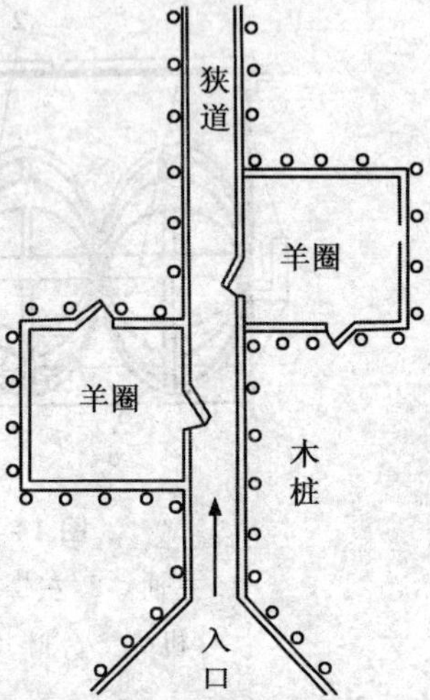

图 16　分羊栏

(11)活动围栏。可供随时分隔羊群之用。在产羔时,也可以用活动围栏临时间隔为母子小圈、中圈等。通常有重叠围栏、折叠围栏和三脚架围栏几种类型(图 17)。

三脚架围栏

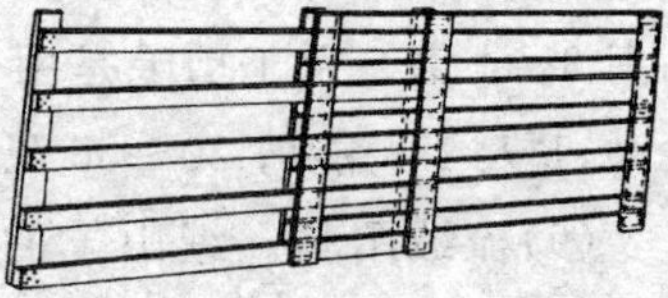
重叠围栏

图 17　活动围栏

(12)器械柜。为实现羊群保健机械化,要配备手持双枪喷雾机,对羊群施行疫苗气雾免疫。配备自动灌药器,连续给羊灌服药液。配备羊的处理装置及放置柜和手术台,方便羊的修蹄、投药、注射、外科手术、试情公羊制备、输精及胚胎移植等操作(图 18)。

(13)称重设备。包括小型地秤和羊笼。羊笼用竹条、木板或钢筋等制成,长 1.4 米、宽 0.6 米、高 1.0 米,两端有供羊进出的活动门。此外,在小型羊群,还可用更简单方式称重(图 19)。

图 18 移动式手术灭菌物品、器械放置柜

图 19 羊的称重装置

19.怎样确实做好绒毛用羊圈舍的通风换气?

做好羊舍的通风换气对饲养绒毛用羊是至关重要的,能保证合理的舍内小气候,便于排出污浊空气,引入新鲜空气。气温比较高时,加大气流,使羊体感到舒服,缓和高温的不良影响。

羊舍通风换气主要有如下三种形式。

一是通过安装通风管道装置,进气管通风用板木做成,断面呈正方形或矩形,断面积20厘米×20厘米,均匀交错镶嵌于两面纵墙,距天棚40～50厘米。墙外受气口向下,防止冷空气直接侵入。墙内受气口设调节板,把气流扬向上方,防止冷空气直吹羊体。

二是机械通风。用机械驱动空气产生气流。一种为负压通风,用风机把舍内污浊空气往外抽,舍内气压低于舍外,舍外空气由进气口入舍,风机装置于侧壁或屋顶;另一种为正压通风,强制向舍内送风,使舍内气压稍高于舍外,污染空气被压出舍外。

三是借助自然界的风压和热压通风,一般依靠开启门窗达到通风换气。

20.如何合理设计和修建绒毛用羊的药浴池?

药浴池是供因螨类等体外寄生虫引起的羊只疥癣病而设置的洗羊设备。秋冬季发病较多,在春秋季剪毛后及时进行药浴,可有效地控制疥癣病的发生。

(1)小型药浴槽。这种类型适宜小型羊场使用。液量约为1 400升,可同时容纳两只成年羊(小羊3～4只)一起药浴,并可用门的开闭来调节入浴时间。

(2)大型药浴池。这种类型可供大型羊场或羊较集中的地方药浴用。药浴池可用水泥、砖、石等材料砌成长方形,似狭长而深的水沟。深 1.0～1.2 米。长 10～12 米，池顶宽 60～80 厘米，池底宽 40～60 厘米，以羊能通过不能转身为准。入口处设漏斗形围栏，使羊按顺序进入药浴池。药浴池入口呈陡坡，羊走入时可迅速滑入池中，出口有一定倾斜度，斜坡上有小台阶或横木条，并有向药浴池倾斜的药液滴流台，其作用一是使羊不易滑倒，二是羊在斜坡上停留，使身上残留的药液流回浴池（图 20、图 21、图 22、图 23）。

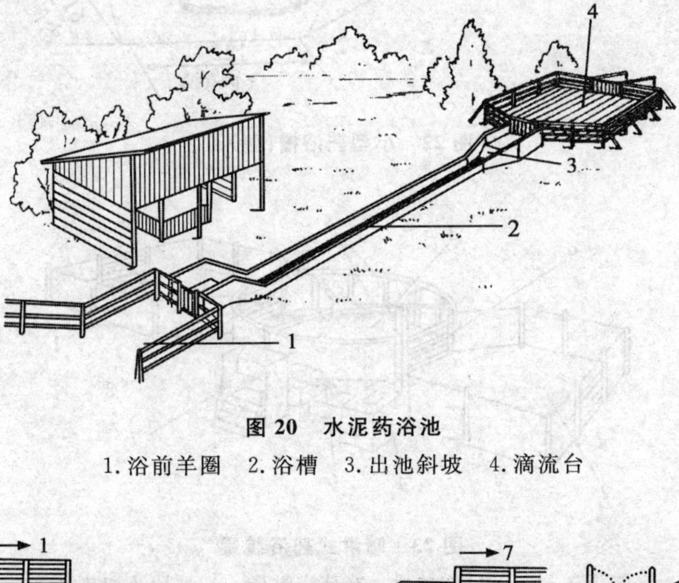

图 20　水泥药浴池

1. 浴前羊圈　2. 浴槽　3. 出池斜坡　4. 滴流台

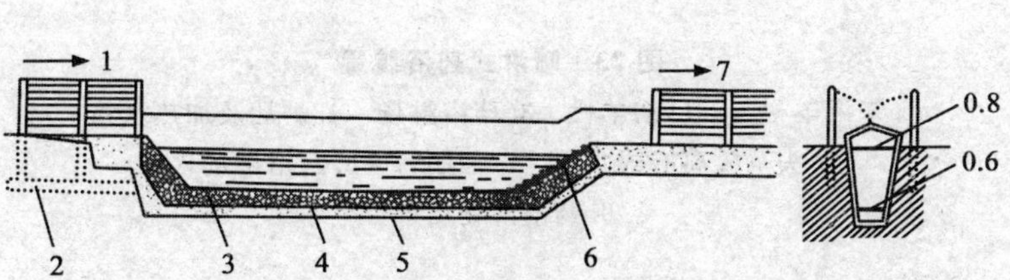

图 21　药浴池剖面(米)

1. 进口　2. 基石　3. 水泥面　4. 碎石基

5. 沙底　6. 5 厘米厚木板台阶层　7. 出口

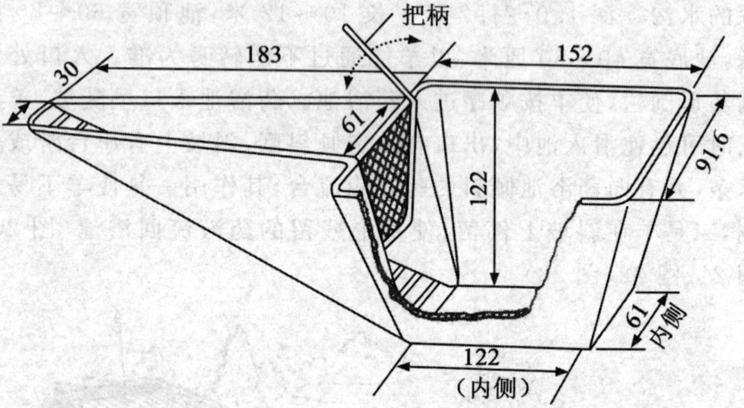

图 22　小型药浴槽(厘米)

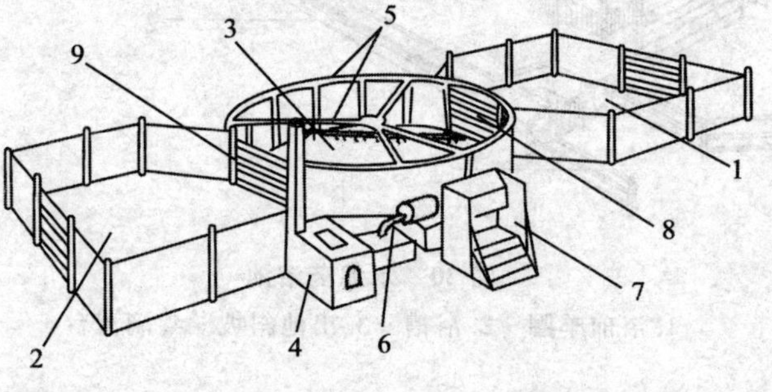

图 23　喷淋式药浴装置

1.未浴羊栏　2.已浴羊栏　3.药浴淋场　4.炉灶及加热水箱
5.喷头　6.离心式水泵　7.控制台　8.药浴淋场入口
9.药浴淋场出口

21.怎样进行绒毛用羊圈舍的采光？

全封闭羊舍，无窗，全部要用人工光照；一般羊舍采用自然光照。

采光系数：指窗户有效采光面积与舍内地面面积之比，成年羊舍1∶(15～25)，羔羊舍1∶(15～20)。

自然照度系数：肉羊舍为0.35%，公母羊、断奶羊及产羔室为0.5%。

羊只昼夜需要的光照时间：公母羊舍8～10小时，怀孕母羊舍为16～18小时。

22. 绒毛用羊圈舍如何进行排水？

(1)传统式。由排尿沟、降口、地下排出管和粪水池构成。粪水流动排污和粪尿用人工清理。排尿沟：设于羊栏后端，紧靠降粪便道，至降口有1%～1.5%坡度。降口：指连接排尿沟和地下排水管的小井，在降口下部设沉淀池，以沉淀粪水中的固形物，防止堵塞管道。降口上盖铁网，防止粪草落入。地下排出管：与粪水池有3%～5%坡度。粪水池容积应贮20～30天的粪水尿液，选址离饮水井100米以外。

(2)漏缝地板式。材料用钢筋混凝土或竹木板制成。有的仅设于粪沟之上，有的用于羊床，多采用拼接式，便于清扫和消毒。大型羊场可用机械刮板或高压水冲洗。漏缝地板式排水设施可提高劳动生产率，节省人力。

三、绒毛用羊的品种选择及引种

23. 绒毛用羊引种应遵循哪些基本原则？

（1）充分论证。引种前要请有关人员进行科学论证或生态评估，避免盲目引种造成损失或潜在的负面影响。如能否适应引进地区的生态和饲养管理条件；引进良种来改良当地羊，有何性状或特性可取或希望获得的品质，对被改良的当地羊优良特性及其在杂交改良过程中如何保留；计划引进的良种有什么优缺点、生产性能、体型外貌是否符合经济发展或杂交改良当地羊的需要；如何保证良种羊或杂种羊的饲养管理条件，使杂种所获得的性状和特性得到的发展，产生应有的经济效益。

（2）严格检疫。引入种羊必须对布鲁氏菌病、炭疽、口蹄疫、副结核病和蓝舌病等进行严格的检疫，并进行预防接种，由检疫部门签发检疫合格证明书，防止疫病入侵造成危害。这项工作关系国家的生态安全和地方的人畜安全，切不可在经济利益驱动下，将检疫流于形式。如造成疫病入侵危害，要承担相关的法律责任。

（3）气候一致。气候一致是指计划引入良种原产地与引入地主要畜牧气候条件相似，使引入的良种及其引入后繁殖的后代，均可保持正常的生长发育、繁殖及基本特征、特性和生产性能。根据原产地与引入气候情况选择引入品种，是引种成功的关键。一般来说，新引入地与原产地在纬度、海拔、温度和湿度等主要自然气候条件差别不大，引种易于成功；如果差别过大，风土驯化比较困难，引起品种退化，难以生存。

原产于炎热地区的品种引至温带或较寒冷地区比较容易成功，因为羊在生理上适应低温的能力较大，人工防寒设施比防高温简单、经济，而且热带品种的饲养管理均较粗放；相反，如果将生产力高的温带羊种引入热带或亚热带地区，比较难以成功。因此，在引种前要充分了解原产地和当地条件的差异程度。两地条件差异小，羊容易适应，引种也容易成功。否则，引进的种羊则较难驯养。

(4)遗传选择。引进外来品种，对个体挑选，除注意品种特性、体型外貌、体质结实健壮、生长发育状况外，还应根据该品种国家或地方标准加以测定，确定相关等级。要认真审查系谱，注意亲代或同胞、半同胞的生产功能、遗传缺陷或遗传疾病。引进良种个体间一般不宜有亲缘关系，公羊最好来自不同父代或品系，防止以杂种冒充纯种或以假充真、以劣充优。

选择幼龄及健壮的个体，不仅有利于引种成功，而且利用年限长，幼龄羊在生长发育过程中易适应新的环境，但必须创造所需的饲养管理条件。

(5)降低风险。从国外或外地引入种用活羊，一般价格比较昂贵，运输投资也很大。因此，引种数量不能太多。若数量过多，价格昂贵，势必造成引种成本过高，难以较快回收投资。所以，在引入种用羊的过程中，应充分考虑经济原则，尽可能将引种成本降到最低。

胚胎移植已成为实用技术，在家畜繁殖上广泛应用。在引入良种羊时，可考虑引入其胚胎，即借腹怀胎，既可以降低引种成本，又可达到引进良种羊的目的。

在保证种羊质量的前提下，选择国内纯种繁育场的种羊，或引入良种羊的冷冻精液。引入冷冻精液比引入种羊活体费用要低得多。因此，如果要引入种公羊进行经济杂交时，最好能引入该种羊的冷冻精液，可以达到相同的效果，并使引种成本大幅度下降。如果当地条件差，引入良种繁育困难较大，甚至无法成活，可引进冻精同当地羊杂交，有计划地培育新品种。

经过研究和论证，决定引入某品种时，也要先少引些，但质量要高，引入后经试验、观测，以确定引入品种对当地自然条件的适应性、与本地羊在杂交时的亲和力，以及在当地饲养管理条件下的生长发育状况。然后再决定是否继续引种和在本地区较大范围推广。这样可以避免较大的经济损失或风险。

24. 如何提高绒毛用羊羊群的质量？

(1)分群。根据毛用羊的数量、品种、年龄、性别、生产性能、健康状况和所拥有的放牧草场状况来分群。如果羊数量少，不能分群时，应将种公羊单独组群饲养。无种用价值的公羊要去势，防止劣质公羊在群内滥交乱配，影响羊群的质量和生产性能。要根据怀孕母羊预产期分群。母羊分娩后，根据产羔期和羔羊发育情况重新组群，直到断乳。羊断奶后，按性能组群。羊群大小，一般农区 50～60 只，半农区 80～100 只，牧区 150～200 只，山区介于农区、半农区之间，60～70 只。

(2)放牧要求。

①三勤、四稳。三勤就要腿勤、嘴勤、手勤；四稳就是放牧稳、出入圈稳、走路稳、饮水稳，其中以放牧稳最为重要。放牧稳、少走路、多采食、能量消耗少，羊膘情就好。

②放牧时要善于引导，控制好羊群。

③有计划地训练、调教羊。

④注意营养。为满足其营养需要，最好到豆科植物较多的草地上放牧。冬季注意补喂适量的配合饲料。开春后，羊绒逐渐脱离皮肤，此时不要到有荆棘的灌木草地上放牧，以免抓挂羊绒，降低绒的产量；也不要到长有苍耳等芒刺植物的草地上放牧，以防它们混入绒内，降低绒的质量。

(3)放牧原则。山区按照“冬放阳坡、春放背、夏放岗头、秋放地”的原则进行选择;平原地区按照“春洼、夏岗、秋平、冬暖”的原则进行选择。

(4)加强本品种选育。毛用羊的产量至少是中等程度的遗传力,这有利于取得育种效果,所以,通过加强本品种选育,提高毛用羊的质量和产量是有把握的。

(5)加强母羊的饲养。在实行秋配春产时,母羊怀孕期应适当补喂青、粗、精料。这样既有利于胎儿生长发育,又有利于毛用羊的生产和产量的提高。补饲时,尤其要注意补充含硫的营养物质。因为含硫的胱氨酸是绒毛的重要组成部分,如果硫元素不足势必会影响绒的生长。

(6)注意事项。

①及时饮水和喂盐。

②防止扎堆,防狼、防蛇、防毒草。

25.绒毛用羊引种应注意的问题有哪些?

(1)圈舍的建设。引种前应建好羊舍,羊舍应建在干燥、排水良好、背风向阳的地方,每只羊所需的羊舍面积按母羊1.0～1.5米^2,公羊1.5～2.0米^{2}计算为宜。

(2)品种。引种前应根据本地环境和资源以及当地消费和优势,选好适合本地饲养品种。一定要求引进已育成、生产性能优良的品种,不可引入低劣的老品种,也不要引进经济杂交的山羊品种,因为杂交山羊不宜作种用,引入的山羊要健康,发育良好,行动灵敏,眼大明亮,无眼屎,眼结膜呈粉红色,鼻孔大,呼吸均匀,呼出的气体无异臭味,四肢粗壮,四蹄匀称,鼻镜湿润,被毛光滑,紧凑,有光泽。排尿正常,粪便光滑呈褐色稍硬。公羊要求睾丸发育良好,无隐睾或单睾,叫声洪亮,外表雄壮,具有雄性特征。母羊要求乳头排列整齐,体躯长,外表秀丽,叫声优美,具有母性特征。

(3)季节。最适宜引种的季节是春季和秋季，这两个季节气候温暖，雨量相对较少，地面干燥，饲草丰富，最适宜引种。夏季高温多雨，相对湿度大，山羊又怕热和潮湿，夏季放牧和运输都易发生中暑，因此夏季不宜引种。冬季水冷草枯，缺草少料，引种羊经过一路颠簸，一方面要恢复体质，适应新环境；另一方面要面对冬季恶劣的气候，引种羊成活率降低。所以冬季也是引种的大忌。

(4)挑选。

①牢记该品种羊的外貌特征。

②注意看牙口。根据门牙更换的情况判断羊的年龄，5 岁以上的羊繁殖力下降，不宜再作种用。

③母羊的选择。一看膘情，要求适度，不能过肥或过瘦，否则难以怀胎；二看乳房，产过羔的母羊乳房松弛，而未产过羔的母羊乳房较紧，如成年母羊的乳房较紧，应考虑是否为难配种的母羊，同时还要求乳头要大；三看阴门，要求长而湿润，小而圆者多为不孕羊。另外还要观察有无阴门或肛门闭锁现象。

④公羊的选择。要求公羊雄性强，生人不易靠近。要用手摸其睾丸感觉有无弹性或疼痛感，有睾丸炎的应予剔除。

(5)检疫。严禁到疫区引种，对山羊要严格检疫，并且“三证”(场地检疫证、运输检疫证和运载工具消毒证)齐全。引进种后，应隔离饲养半个月，若未出现异常，方可混养。

(6)隔离。种羊引回后应在事先准备好的圈舍进行隔离，根据检疫需要，隔离观察饲养 30～45 天，以确保种羊平稳过渡。圈舍应定期进行清扫消毒，杀灭病原微生物，消灭传染源，防止疫病的传播和流行，并在羊群中进行预防性投药，发现异常情况及时诊治。隔离、观察 5～7 天后，若无疾患，可根据引种时了解的羊群免疫情况和当地羊疫情情况，进行免疫接种。

26.国内主要绒毛用羊品种有哪些?

毛用型羊有毛用山羊和毛用绵羊。

(1)毛用山羊。是指专门用于生产羊毛的山羊。土耳其安哥拉山羊是世界上最著名的毛用山羊品种,所产的山羊毛在国际市场上被称为马海毛,价值很高。

该品种公、母羊均有角,体格中等,耳大下垂,背平直,四肢较短。全身被毛白色,呈螺旋或波状弯曲。据测定,我国引进的安哥拉山羊成年公羊体重45～68千克,成年母羊36千克;成年公羊剪毛量3～4.5千克,成年母羊2.9千克;成年公羊毛长23.6～32.6厘米,成年母羊25.6厘米;成年公羊羊毛细度34.5～38.1微米,1岁公羊25.3微米,成年母羊30.4微米,1岁母羊25.3微米;成年公羊净毛率79.6%,1岁公羊78.9%,成年母羊84.8%,1岁母羊80.8%。

安哥拉山羊对干旱、半干旱地区的气候条件具有较好的适应能力。我国于1985年从澳大利亚引进安哥拉山羊,饲养在陕西、内蒙古、山西等省(区)。随后,甘肃、四川、江苏、湖北、宁夏、青海、河南等地也引进了安哥拉山羊。

(2)毛用型绵羊。依据绵羊本身所产羊毛的细度和用途分为细毛羊品种、半细毛羊品种、粗毛羊品种。

细毛羊主要生产同质细毛,其被毛由粗细、长短较一致的无髓毛组成。纤维细度在60支纱以上,平均直径小于25微米,生长12个月的毛丛自然长度在7厘米以上。

半细毛羊主要生产细度在58支以下或羊毛纤维直径在25.1微米以上的同质羊毛,其被毛由无髓毛或两型毛组成,毛丛松散,但长度一般比细毛羊长。

粗毛羊多是原始的古老品种,被毛为异质,产毛量低,毛品质差。粗毛羊适应性强,耐粗饲,抓膘能力强,皮和肉的品质好。外形一般偏于粗糙，头骨四肢骨粗大，四肢强健，蹄质结实。

根据绵羊所产羊毛类型分为如下 6 种。

长毛型：罗姆尼羊、林肯羊、莱斯特羊等。

细毛型：中国美利奴羊、新疆细毛羊、澳洲美利奴羊等。

短毛型：萨福克羊、无角道塞特羊、南丘羊、牛津羊等。

杂交型：考力代羊、波尔华斯羊等。

羔皮用型：卡拉库尔羊、湖羊等。

地毯毛型：德拉斯代羊、地毯王羊、和田羊等。

27. 国外主要绒毛用羊品种有哪些？

(1)国外半细毛羊品种。

①茨盖羊。曾经被巴尔干半岛和小亚细亚国家的绵羊改良过，主要分布在前苏联、罗马尼亚、前南斯拉夫、保加利亚、匈牙利及蒙古等国家。茨盖羊恋羔性强，泌乳性能好。茨盖羊具有结实的体质，能耐受比较严酷的自然气候和粗放的饲养管理条件，抗病力强，适应性好。但一般羊群生产力较差，羊毛长度尚不理想，有些个体羊毛偏细，匀度也比较差。茨盖羊体格较大，公羊有螺旋形角，母羊无角或只有角痕，胸深，背腰较宽直，成年羊皮肤无皱褶，被毛覆盖头部至眼线，前肢达腕关节，后肢达飞节。毛色纯白，但有些个体在脸、耳及四肢有褐色或黑色的斑点。茨盖羊成年公羊平均体重 80～90 千克，剪毛量 6～8 千克；成年母羊平均体重 50～55 千克，剪毛量平均 3～4 千克，产羔率 115％～120％。毛长 8～9 厘米，细度 46～56 支，净毛度 50％左右，屠宰率 50％。茨盖羊为正在培育的青海半细毛羊、西藏半细毛羊和内蒙古半细毛羊的父系品种之一。

②边区莱斯特羊。早熟，肉的品质好，繁殖力高，羊毛长、光泽好，适应气候温和湿润地区，产于英国北部苏格兰的边区地区。1960 年我国从澳大利亚陆续引入边区莱斯特羊，主要饲养在青

海、甘肃、内蒙古、新疆、西藏、四川和云南等省、自治区，而饲养在甘肃、云南、四川等省的效果更好。体躯长，背宽平，头白色，公母羊均无角，鼻梁隆起，两耳竖立，四肢较细，头及四肢无覆盖毛，体质结实，结构良好。成年公羊体重 90～100 千克，母羊 60～70 千克，剪毛量分别为 5～6 千克、3～3.5 千克，净毛率 60%～65%，毛长 20～25 厘米，细度 44～48 支，产肉性能好。该品种具有较高的繁殖率，母羊产羔率可达 150%～200%。一些国家引入该品种同本国地方品种杂交生产肥羔。

③罗姆尼羊。以当地繁殖的体格硕大而粗糙的羊为母本，莱斯特公羊为父本杂交，经长期的精心选择和培育而成。具有早熟，生长发育快，放牧性强和被毛品质好的特性。产于英国东南部的肯特郡罗姆尼和苏塞克斯地区。体质结实，公母羊无角，额颈短，体躯宽深，背部较长，前驱和胸部丰满，后躯发达。被毛呈毛丛或毛辫结构，白色，光泽好，羊毛中等弯曲，匀度好。蹄为黑色，鼻和唇为暗色，耳及四肢下部有皮肤色素斑点和小黑点。我国饲养的罗姆尼羊，分别引自英国、新西兰和澳大利亚（图 24）。

图 24　罗姆尼羊

(2)国外细毛羊品种。

①澳洲美利奴羊。其羊毛品质优良，毛长，毛密，净毛产量高，是世界上著名的细毛羊品种。澳洲美利奴羊位于澳大利亚。澳洲美利奴羊体格中等，体质结实，体型外貌整齐一致。体躯呈矩形，胸宽深，鬐甲宽平，背大。公羊有螺旋形角，母羊无角。公羊颈部有两个发达完整的横皱褶，母羊有发达的纵皱褶。头部被毛着生至两眼连线，呈毛丛结构，四肢羊毛覆盖良好。羊毛密度大，呈闭合型毛丛，细度均匀，白色油汗，弯曲为半圆形，整齐明显。羊毛色泽好、柔软，净毛率高，腹毛呈毛丛结构(图 25)。

图 25　澳洲美利奴羊

②前苏联美利奴羊。体质结实，颈部具有 1～3 个皱褶，体躯有小皱褶，被毛呈闭合型，腹毛覆盖良好。成年公羊体重平均 101.4 千克，成年母羊平均 54.9 千克。剪毛量成年公羊平均 16.1 千克，成年母羊 7.7 千克。毛长 8～9 厘米，细度 64 支，产羔率 120%～130%。

③高加索细毛羊。具有良好的外形，结实的体质，颈部有 1～3 个皱褶，头部及四肢羊毛横向联合覆盖良好，油汗呈黄色或淡黄色。成年公羊体重 120～130 千克，剪毛量 18～20 千克；成年母羊体重 63～70 千克，剪毛量 18～20 千克；成年母羊体重 63～70 千

克，剪毛量 7.6～8.0 千克，产羔率 120%～160%千克，毛长 8～9 厘米，细度为 64 支为主，净毛率 40%～44%。

④波尔华斯羊。原产于澳大利亚的维多利亚和塔斯马尼亚地区，属于毛用细毛羊，但羊毛细度为 56～60 支，因此又称高级半细毛羊。波尔华斯羊的外形有美利奴羊的特点，体质结实，体格较小，四肢短。公羊分有角和无角两系，母羊均无角，而且清秀，鼻梁上有黑斑。体躯无皱褶，被毛为闭合型，羊毛细度为 50～60 支，毛长可达 10.0～12.5 厘米，羊毛有大小两种弯曲，油汗多为白色，羊毛有丝光。成年公羊体重为 56～77 千克，剪毛量为 5.6～7.5 千克；成年母羊体重为 45～56 千克，剪毛量为 3.6～5.5 千克，净毛率 65%～70%。

28.细毛羊的主要特征有哪些?

羊毛细度和长度均匀，弯曲明显、整齐，羊毛密度大，产毛量高，油汗多，杂质少，毛色洁白，工艺性好。公羊大多数有发达的螺旋形角，母羊无角。根据生产性能不同分为：毛用、毛肉兼用和肉毛兼用细毛羊三种类型。

(1)毛用细毛羊：主要生产方向是羊毛。其体格略小，皮肤和骨骼十分发达，肌肉和脂肪组织相对不发达。母羊颈部有明显纵皱褶，体躯有皱褶，公羊颈部有 1～3 横皱褶。产毛性能高，每千克体重产净毛 60～70 克。

(2)肉毛兼用细毛羊：产肉产毛性能均较好。体大丰满，早熟易育肥。颈短粗，胸宽深，肌肉发达，肉用体型明显。公羊大多数无角，颈部皮肤皱褶少，或无皱褶。每千克体重产净毛 30～40 克。

(3)毛肉兼用细毛羊：既有较高的产毛性能，还有良好的产肉性能。体格大小中等，体躯宽大而丰满，公羊颈部有 1～2 横皱褶，母羊颈部有比较发达的纵皱褶，体躯皱褶较少或无，肌肉和脂肪组织发达。每千克体重产净毛 40～50 克。

29. 我国的细毛羊品种有哪些?

国内培育的品种有新疆细毛羊、中国美利奴羊、东北细毛羊、内蒙古细毛羊、甘肃高山细毛羊等。

(1)新疆细毛羊。新疆细毛羊是我国育成的第一个细毛羊品种。在我国改造粗毛羊、培育细毛羊品种方面广泛应用。体格大,产肉性能好,遗传性稳定,用其改良我国其他绵羊品种,对羊毛品质和产毛量的提高成绩显著。

该品种细毛羊体躯深长、结构良好、体质结实。公羊有螺旋形大角,母羊无角,颈下有1～2个皱褶。新疆细毛羊适应性强,耐粗饲,放牧抓膘性能好,增重快。成年公羊体重平均为93.0千克,母羊为46.0千克。新疆细毛羊产毛多,羊毛品质好。成年公羊平均剪毛量为12.2千克,母羊为5.5千克;成年公羊毛长10.9厘米,母羊为8.8厘米;净毛率为49.8%～54.0%,羊毛细度以64支为主(图26)。

图26 新疆细毛羊

(2)中国美利奴羊。体型外貌整齐,类型一致,遗传性能稳定、适应性好,净毛产量高、羊毛综合品质优良。用中国美利奴羊与各地细毛羊杂交,其后代的体型、毛长、净毛率、净毛重、羊毛弯曲、油汗、腹毛等均有较大改进,在提高我国现有细毛羊的被毛品质和羊毛产量等方面发挥了重要作用。

中国美利奴羊是我国最好的细毛羊品种,分为新疆型、新疆军垦型、科尔沁型及吉林型,其品种品质已达到国际同类细毛羊品种的先进水平。其体质结实,体型呈长方形,公羊有螺旋形角,母羊无角,公羊颈干部均无明显的皱褶,被毛呈毛丛结构,闭合良好,密度大,有明显的大、中弯曲;油汗呈白色,含量适中,分布均匀;毛丛长度与细度均匀,前肢着生至腕关节,后肢至飞节,腹部毛着生良好。适应我国牧区以全年放牧为主、冬春季节补饲的饲养条件。

成年公羊平均体重为91.8千克,母羊为43.1千克;种公羊平均剪毛量为16.0～18.0千克,成年母羊为6.41千克;成年公羊毛长为11.0～12.0厘米,母羊为9.0～11.0厘米,被毛主体支数为64支(图27)。

图27　中国美利奴羊

(3)东北细毛羊。体质结实,结构匀称。羊毛密度好,弯曲正常,油汗适中,净毛率为35.0%～40.0%。羊毛覆盖头部至眼线,前肢达腕关节,后肢达飞节,腹毛呈毛丛结构。公羊有螺旋形角,颈部有1～2个完全或不完全的横皱褶;母羊无角,颈部有发达的纵皱褶，体躯无皱褶，被毛白色，毛丛结构良好，呈闭合型。

东北细毛羊剪毛后体重：育成母羊 38.78 千克，育成公羊 42.95 千克，成年母羊 45.03 千克，成年公羊 83.66 千克；剪毛量育成公羊为 7.15 千克，育成母羊为 6.58 千克，成年公羊剪毛量为 13.44 千克，成年母羊为 6.10 千克；羊毛长度成年公羊为 9.33 厘米，成年母羊为 7.37 厘米；细度以 60 支和 64 支纱为主。屠宰率成年公羊为 43.6%，不带羔的成年母羊为 52.4%，10～12 月龄的当年公羔为 38.8%。初产母羊的产羔率为 111%，经产母羊为 125%。

东北细毛羊体格结实健壮，耐粗饲，羊毛质量比较好。由于其育成历史较短，目前还存在净毛率低、体型外貌欠整齐等缺点（图 28）。

图 28　东北细毛羊

（4）内蒙古细毛羊。亦称内蒙古毛肉兼用细毛羊，体质结实，结构匀称，公羊有螺旋形角，颈部有 1～2 个完全或不完全的皱褶；母羊无角或有小角，颈部有裙形皱褶。头适中，背腰平直，胸宽深，体躯长。被毛闭合良好，头毛着生至两眼连线或稍下，前肢至腕关节，后肢至飞节。

成年公羊剪毛后体重平均 82 千克，剪毛量 12 千克；成年母羊剪毛后体重为 46 千克，剪毛量 5.5 千克。羊毛细度 60～64 支，毛丛长度 7.5 厘米，净毛率为 35％～40％(图 29)。

图 29　内蒙古细毛羊

(5)甘肃高山细毛羊。毛肉兼用细毛羊品种，具有合群性好、采食力强、适应性强和生产性能高等特点。

此品种羊是在甘肃省皇城绵羊育种试验场培育而成。当地海拔 2 600～3 500 米，气候严寒、无霜期短、植被单纯、枯草期长达 7 个月以上，终年放牧。

体质结实，体躯结构良好，胸宽深，背平直，后躯丰满，四肢端正有力。公羊有螺旋形大角，颈部有 1～2 个完全或不完全的横皱褶；母羊多数无角，少数有小角，颈部有发达的纵垂皮，被毛纯白，闭合型良好，密度中等以上，体躯毛和腹毛均毛丛结构，被毛着生头部两眼连线，前肢至腕关节，后肢至飞节。

周岁育成羊，体躯部毛长在 7.5 厘米以上，细度为 60～64 支，羊毛细度均匀、弯曲清晰，油汗适中，呈乳白色或淡黄色，成年公羊剪毛后体重为 75 千克，剪毛量 7.5 千克；成年母羊剪毛后体重 40 千克，剪毛量 4.3 千克(图 30)。

图 30　甘肃高山细毛羊

30. 我国的半细毛羊品种有哪些？

我国的半细毛羊品种主要有东北半细毛羊、高原半细毛羊、内蒙古半细毛羊、四川凉山半细毛羊、云南半细毛羊、贵州半细毛羊等，下面介绍两种主要的半细毛羊。

(1)东北半细毛羊。亦称东北中细毛羊。它属于毛肉兼用型。被毛白色，密度中等，匀度好，腹毛呈毛丛结构。结构良好，公母羊均无角，头轻小，颈粗短，体躯无皱褶，头部被毛着生至两眼连线，体躯呈圆筒状，后躯丰满，四肢粗壮。羊毛有大弯，清晰明显，羊毛的细度为 56～58 支，油汗适中，呈白色。净毛率 50%。成年公羊一般体重 62.07 千克，剪毛量 5.96 千克，毛长 9 厘米以上者占 52.93%，羊毛细度 56～58 支者占 85.04%。

其育种方向是：剪毛量高，肉用性能好，早熟，耐粗饲，适应性强。

(2)青海高原毛肉兼用半细毛羊。它是以新疆细毛羊、茨盖羊及新西兰罗姆尼羊为父本，当地藏羊为母本，采用多元杂交而培育成的品种。体型结构、产肉性能都已接近育种目标。青海半细毛羊大部分羊被毛全白，同型毛，密度中等，毛呈大弯曲，白油汗，羊毛强度好。它主要饲养于青海湖四周的一些县，据英德尔种羊场的资料记载：青海半细毛羊成年公羊一般体重57.17千克，剪毛量4.22千克，毛长9.37厘米；成年母羊一般体重37.5千克，剪毛量2.62千克，毛长8.87厘米。羊毛细度以56～58支为最多，占76.38%～84.84%。

31.我国的地毯毛用粗毛羊品种主要有哪些？

(1)高原型藏羊。是我国主要的地毯毛品种，尤以青海湖周围的藏羊为最好，是西宁毛(国内品质最好的地毯毛)的主产区，可惜现已杂交改良为半细毛和细毛产区。西藏羊分布于西藏、青海、四川、甘肃、云南、贵州等地，是世界上分布海拔最高的绵羊品种，可分为高原型、山谷型、雅鲁藏布型、三江型和腾冲型等类型。剪毛量0.97～1.42千克。净毛率70%左右。屠宰率46%。组成被毛的毛辫长达20～23厘米，光泽好，弹性大，是制造长毛绒和地毯的上等原料，在国际市场上有很高声誉。西藏羊对高原地区的适应性强，但被毛为混型毛，剪毛量低。除了部分地区向地毯毛或肉、脂用方向选育外，在有条件的地区可以向半细毛方向改良(图31)。

图31 西藏羊

(2)和田羊。分布于新疆的南疆地区,属于荒漠和半荒漠草原地带,分为山区型和草湖型两个类型。剪毛量1.2~1.6千克。净毛率70%以上。屠宰率36%~42%。和田羊虽然为混型毛毛被,但两型毛含量多,长而均匀,毛的弹性、光泽和洁白度好,是织造地毯和长毛绒的优质原料。但存在体型较小,产毛量、产肉率和繁殖率低等缺点。

公羊体重36~39千克,母羊体重29~34千克。分布于策勒河以西的尾基部宽大肥厚,下端钝圆呈圆盘状,尾尖小或无尾尖;分布于策勒河以东的大多属短瘦尾,尾基部呈不大的三角形,基部宽大向下收缩,下端为一下垂的稍长的瘦细尾尖。全年均可发情,但主要集中在4月和11月。产羔率102.52%(图32)。

图32 和田羊

(3)哈萨克羊。原产于新疆,是一个古老的地方品种。与蒙古羊、西藏羊一起组成我国三大粗毛羊品种。手工羊毛地毯是我国传统出口物之一。

哈萨克羊对当地条件的适应性强,肉、脂性能好,但被毛为混型毛,剪毛量低。剪毛量1.88~2.63千克。屠宰率47.63%。除了保留部分地方良种外,在条件好的地方可以向细毛羊方向改良。

哈萨克羊公羊体重60.34千克左右,母羊体重45.8千克左右。毛色不一致，大多为褐、灰、黑、白等杂色，全白者很少。尾分成两瓣高附于臀部，形似“W”，不具尾尖，故称“肥臀羊”。产羔率102%。在我国分布于新疆及甘肃、青海与之毗邻的地区。

此外，国内还有新疆的叶城羊等地毯毛品种(图 33)。

图 33　叶城羊

32. 我国的肉脂用粗毛羊品种主要有哪些?

我国的粗毛羊中有一些肉、脂性能较好的品种。主要有小尾寒羊、乌珠穆沁羊、阿勒泰羊等。

(1)小尾寒羊：是我国独有的品种。以多双胎、高产著称。主要分布于山东省(济宁、荷泽、嘉祥)以及相毗邻的河南、河北、江苏等省部分地区。

在一般饲养条件下，小尾寒羊发育很快，羊羔初生体重一般在 4.0 千克左右，3 月龄公羔体重可达 48 千克。成年母羊身高 80～95 厘米，平均体重 85 千克，重者达 120 千克，剪毛量 2.1 千克。成年公羊身高可达 90～110 厘米，平均体重 85 千克，重者达 138 千克，剪毛量 3.5 千克。

成熟早。小尾寒羊 5～6 月龄可达到性成熟，7～8 月龄即可配种，当年便可繁殖后代，此羊四季均可发情配种，并可“热配”(产羔后 2～28 天内受孕率最高)。繁殖率高，一年两胎，一胎多羔。

大多数母羊每胎产2～5羔，多者可达7羔，平均繁殖率为326%。4月龄即可育肥出栏，出栏率可达400%，劳动回报率高，它是农户脱贫致富奔小康的最佳项目之一。

小尾寒羊不畏寒冷、喜干燥、生命力强，在新疆、黑龙江省等地都可正常生长发育。对食料不挑剔，各种作物秸秆、树叶，杂草等均可作为其饲料。只要能吃饱喝饱，夏季圈舍通风良好，就不易感染疾病(图34)。

图34　小尾寒羊

(2)乌珠穆沁羊。主要分布在东乌珠穆沁旗和西乌珠穆沁旗以及毗邻的锡林浩特市、阿巴嘎旗部分地区。乌珠穆沁羊是在当地特定的自然气候和生产方式下，经过长期的自然和人工选择而逐渐育成的。乌珠穆沁羊属肉脂兼用短尾粗毛羊，以体大、尾大、肉脂多、羔羊生长发育快而著称。

乌珠穆沁羊具有增膘快、蓄积脂肪能力强、产肉率高、性成熟早等特性，适于利用牧草生长旺期，开展放牧育肥或有计划的肥羔生产。同时，乌珠穆沁羊也是做纯种繁育胚胎移植的良好受体羊，后代羔羊体质结实，抗病能力强，适应性较好。

头中等大小，额稍宽，鼻梁微隆起。公羊大多无角，少数有角，母羊多无角。胸宽深，肋骨开张良好，胸深接近体高的1/2，背腰宽平，后躯发育良好。肌肉丰满，结构匀称。毛色以黑头羊居多，约占6.2%，全身白色者约占10%，体躯花色者约11%。

饲养管理极为粗放，终年放牧，不补饲，只是在雪大不能放牧时稍加补草。乌珠穆沁羊生长发育较快，2.5～3 月龄公、母羔羊平均体重为 29.5 千克和 24.9 千克；6 月龄的公、母羔平均达 40 千克和 36 千克，成年公羊 60～70 千克，剪毛量 1.4 千克。成年母羊 56～62 千克，剪毛量 1.4 千克，平均胴体重 17.90 千克，屠宰率 50%，平均净肉重 11.80 千克，净肉率为 33%；乌珠穆沁羊肉水分含量低，富含钙、铁、磷等矿物质，肌原纤维和肌纤维间脂肪沉淀充分。产羔率仅为 100%(图 35)。

图 35　乌珠穆沁羊

(3)阿勒泰羊。属肉、脂兼用粗毛羊。以体格大、肉脂生产性能高而著称，主要产于新疆北部的福海、青河等县，是哈萨克羊种的一个分支。

公羊具有大的螺旋形角，母羊中 2/3 有角。母羊乳房大，发育良好。公羊鼻梁深，鬐甲平宽，背平直，肌肉发育良好。四肢高而结实，股部肌肉丰满，在尾椎周围沉积大量脂肪而形成“臀脂”。下缘正中有一浅沟将其分成对称的两半。毛色主要为棕褐色，部分个体为花色，纯白、纯黑者少。

生长发育快，适于肥羔生产。平均 4 月龄公羔体重为 38.9 千克，母羔为 36.7 千克；1.5 岁公羊为 70 千克，母羊为 55 千克；成年公羊平均体重为 92.98 千克，剪毛量 2 千克左右。母羊为

67.56 千克，剪毛量 1.6 千克。净毛率 71.24%，产羔率 110.3%。成年羯羊的屠宰率 52.88%，胴体重平均为 39.5 千克，脂臀占胴体重的 17.97%。阿勒泰羊春、秋季各剪毛一次，剪毛量平均成年公羊为 2 千克，母羊为 1.5 千克；当年生羔羊为 0.4 千克(图 36)。

图 36　阿勒泰羊

33. 如何鉴定细毛种羊？

(1)细毛种羊评定应依据其品种来源应用相应的鉴定标准。

(2)细毛种羊评定应采取个体鉴定的方式，在种用母羊、种用公羊或指定做后裔测验的母羊及其羔羊中逐只进行，并逐一做好个体鉴定记录。

(3)细毛种羊评定的年龄范围包括断奶、1.5 岁及成年。断奶鉴定作为早期选种的参考，而最基本的是 1.5 岁的鉴定。对育成阶段定为特等和一级的种公、母羊，在第二年剪毛前要再次复查鉴定一次，以决定其终生等级。成年种公羊还应每年鉴定一次。

(4)细毛种羊的鉴定时间通常在开始剪毛之前，即每年 4～5 月份。

34. 为什么要保护辽宁绒山羊？

在我国品种保护名录中，辽宁绒山羊被列为需要重点保护的各类羊之首，也是我国政府规定禁止出境的少数几个品种之一。辽宁绒山羊是我国自己培育的地方优良品种，辽宁绒山羊是世界优秀的白绒山羊品种，和内蒙古白绒山羊一起成为中国两大绒山羊特色品种。具有产绒量高、净绒率高、绒纤维长、绒细度适中、绒综合品质好、体型大、遗传性能稳定和改良低产山羊效果非常显著等特点，被誉为"国宝"，是我国重要的品种资源，它在我国乃至世界绒山羊中处于特殊的重要位置。由于辽宁绒山羊卓越的生产性能和独特的种质特性受到我国北方广大绒山羊产区农牧民的青睐。作为主要父本，参与了我国内蒙古罕山白绒山羊、陕北白绒山羊、柴达木白绒山羊、新疆博格达绒山羊和甘肃陇东白绒山羊等绒山羊新品种的育成，同时，还被全国 17 个省区 114 个县(旗)大批引入，改良当地山羊，并取得了显著效果，对全国绒山羊改良和促进我国绒山羊产业发展做出了重大贡献。

(1)适应性。辽宁绒山羊的适应性很强，不仅在原产区能够发挥出较高的生产性能，而且在其他地区、其他环境条件下，也应该获得好的饲养效果。辽宁绒山羊具有善于攀岩的特点，它可以很容易地到达特别陡峭的山顶，到其他家畜几乎无法到达的地带去采食。可采食的牧草种类特别多，除达紫香和山葱等毒草外，其他的所有牧草几乎都可以作为辽宁绒山羊的饲料。

(2)生产性能。据辽宁省辽宁绒山羊原种场测试，辽宁绒山羊原种种公羊的平均产绒量为 1 368 克，其中最高个体产绒量达 1 860 克，绒自然长度为 6.79 厘米，净绒率为 74.8%；成年母羊平均产绒量为 642 克，其中最高个体产绒量达 1 390 克，绒自然长度为 5.88 厘米，净绒率为 79.2%。辽宁绒山羊所产的羊绒为纯白色，并带有丝光；平均细度为 15.37 微米。

成年公羊的平均体重为 81.7 千克，成年母羊的平均体重为 43.2 千克；成年公、母羊的屠宰率分别为 50.65%和 52.66%。由此可以看出，辽宁绒山羊的产肉性能也很高。

辽宁绒山羊具有其他山羊与之无法相比的产绒性能，主要是由其品种特性决定的。认真分析，具体原因有以下几点：一是辽宁绒山羊体格大，可产绒面积大。据测定，辽宁绒山羊成年公羊的体高为 74.0 厘米，体长为 79.1 厘米，胸围为 99.6 厘米；辽宁绒山羊母羊的体高为 61.8 厘米，体长为 71.5 厘米，胸围为 82.8 厘米。经估计，辽宁绒山羊成年公、母羊的体表面积均为内蒙古白绒山羊的 1.5 倍。因此，辽宁绒山羊的产绒面积也应是内蒙古白绒山羊的 1.5 倍。二是辽宁绒山羊的绒密度大。据测定，辽宁绒山羊公羊每平方厘米的表面积上有羊绒 3 909 根，母羊为 3 421 根。三是绒纤维长。辽宁绒山羊成年公、母羊的绒自然长度分别为 6.79 厘米和 5.88 厘米。综上所述，较大的产绒面积、较高的绒密度和较长的绒长度，决定了辽宁绒山羊具有十分突出的产绒性能。

(3)遗传性。据有关专家测定，辽宁绒山羊净绒产量的遗传力为 0.685，绒毛囊比值的遗传力为 0.534，出生重的遗传力为 0.647，抓绒后体重的遗传力为 0.571，绒囊直径的遗传力 0.584，上述性状均为高遗传力性状。亲本在繁殖过程中，上述性状均可较大程度地遗传给后代。

35.辽宁绒山羊保种的最佳选择是什么？

过去养殖户在养殖的时候，因为没有系谱，没有档案，基本上是杂交乱配，近亲繁殖现象比较严重，即使有个别养殖户互相交换种羊，那也是小范围的，所以辽宁绒山羊的各项性能出现了下滑的现象，如果不加以保护，辽宁绒山羊的一些优良特性将逐渐消失。针对这种现象，农业部和辽宁省政府共同投资建立了辽宁绒山羊种羊场，开始了对辽宁绒山羊的保护和选育工作。针对辽宁绒山羊保种采取的主要技术手段有：活体保种和生物保种。

(1)活体保种。分为如下几种。

①闭锁纯繁保种。它是在建立核心种群以后不再引进其他品

种的种羊，而是利用核心群现有的种羊进行繁育，繁育出符合标准的绒山羊后，再对它们的后代进行选择。在选种羊的时候，主要从表型上来选择。在第一次留种公羊的时候，100 只公羊当中要留性状表现优良的 40～60 只，第二年再从这里面选留 40%左右，而且每只羊都建有档案。留种的时候，首先要从外观上来选择，辽宁绒山羊的外部特征为两只耳朵向两侧展开。另外，辽宁绒山羊的被毛为全白色，如果哪头的被毛有一部分颜色为灰黑色，这就说明它继承了不好的基因，这样的羊是不能留了。

②闭锁纯繁保种。发展到一定的阶段却出现生命力、生活力和繁殖力下降的问题。由于不导入外血，随着种群的扩大，辽宁绒山羊个体之间多多少少都有一些血缘关系，这给保种工作带来了新的问题。在刚开始的七八年内血统才能循环开，不会造成近亲繁殖。如果持续做二三十年，它的血统就错不开了，就易导致近亲繁殖。

③社会化联合保种。把各辽宁绒山羊种羊场的种公羊集中放到一家具有一定规模的养殖场里，让它们与养殖场里的母羊进行交配，然后从它们的后代里选择优秀的母羊送回到种羊场里，这样，种羊场就能够扩大血统，养殖场也能留下优秀的种公羊对自己场里的绒山羊进行品种改良，提高产绒量。联合保种能扩大羊群规模，另一个好处是扩大种群数量，这有利于保种。通过增加种群数量可以防止近亲，避免近亲就提高了羊的生命力。

(2)生物保种。分为如下两种。

①冻精保种。每个家系的种公羊都要采集精液进行冻精保种，但只有符合标准的种公羊才能采集精液。为了保证冷冻精液的质量，精液在采集完后要经过显微镜检查，精子的活力在 0.8 以上的才能进行冷冻。冷冻以后还要进行观察，要求解冻的活力在 0.3 以上的才算合格。这些冷冻精液解冻后，依然充满活力，给母羊进行人工授精后，它们很快就会与卵子结合。也就是说，当我们

想用这个种的时候，还可以解冻它作为育种材料去使用。

②冷冻胚胎保种。胚胎经过检验以后，符合要求能够达到冷冻标准的，可以进行长期的保存和利用。冷冻胚胎技术使辽宁绒山羊遗传资源的保护工作变得更为简单和方便，它不仅节约了大量的人力、物力，还节省大量财力。

四、绒毛用羊的管理及饲养技术

36.如何进行绒毛用羊的合理保定？绒毛用羊梳绒时为什么要采用侧肢捆绑保定？

（1）合理保定。羊有“聚堆”的习性，为捉捕羊的后肢造成有利的条件。在羊群中捉羊时，可抓住一后肢的跗关节或跗前部，羊能被控制。保定者抓住羊的角，骑在羊背部，作为静脉注射或采血等操作时的保定。又可面向尾侧骑在羊身上，抓紧两侧后肢膝褶，将羊倒提起，其后再将手移到跗前部并保持之。对体格较大的羊进行卧倒时，右手提起羊的右后肢，左手抓在羊的右侧膝皱襞，保定者用膝抵在羊的臀部。左手用力提拉羊的膝褶，在右手的配合下将羊放倒后捆住四肢。

（2）梳绒时侧肢捆绑保定。先用绳子把羊拴在柱子上，将羊侧卧放倒然后绑住羊右侧前后蹄，使羊头部高，尾部低，这样便于羊正常地呼吸。

（3）梳绒时侧肢捆绑保定的原因。采用这种姿势给羊保定有两个好处：一是绑得比较结实，二是充分保证到了羊的舒适感。

梳绒，动作看起来简单，可要分两步走。首先要脱掉羊的粗毛外套。怎么脱呢？要尽量用双手将毛稍提起，用剪子细心剪，剪完毛的毛用羊才可以开始梳绒。梳绒的工具是一种特制的钢梳，梳子前端弯成钩状，尖尖的，非常锐利。由于绒紧紧地贴着绒山羊的皮肤，所以对于没有太多经验的人来说，稍不留神就会刮伤绒山羊，甚至损坏羊的毛囊。毛囊一旦被损坏，是不能修复的，不但影响羊的外观，最主要的是还会影响产绒量。

37.提高羔羊成活率的技术措施有哪些?

(1)讲究卫生。卫生条件是培育羔羊的重要环节,保持良好的卫生条件有利于羔羊的生长发育。舍内最好垫一些干净的垫草,室温保持在5～10℃。

(2)初乳是关键。初乳是指母羊产后3～5天内分泌的乳汁,其乳质黏稠、营养丰富,易被羔羊消化,是任何食物不可代替的食料。由于初乳中富含镁盐,镁离子具有轻泻作用,能促进胎粪排出,防止便秘;羔羊的胎粪呈黑褐色,黏稠,一般生后4～6小时即可排出。若出生羔羊鸣叫、努责,可能是胎粪停滞。如24小时仍不见胎粪排出,应采取灌肠措施。胎粪易堵塞肛门,造成排粪困难,要注意擦拭干净;初乳中还含有较多的免疫球蛋白和白蛋白,以及其他抗体和溶菌酶,对抵抗疾病,增强体质具有重要作用。一方面,由于浓稠的初乳附着于尚无黏膜的胃肠壁,不利于有害细菌的繁殖,所以可替代黏膜,防止细菌侵入。另一方面,初乳中含有抗原凝集素,能抵抗特殊品系的大肠杆菌;同时,血液中出现免疫球蛋白,可有效抑制病原菌的活动,从而对羔羊的健康起到积极的保护作用。

羔羊在初生后半小时内应该保证吃到初乳,对吃不到初乳的羔羊,最好能让其吃到其他母羊的初乳,否则很难成活。对不会吃乳的羔羊要进行人工辅助。

(3)人工护理。多羔母羊或泌乳量少的母羊,其乳汁不能满足羔羊的需要,应对其羔羊进行补喂。可用牛奶、羊奶粉或其他流动液体食物进行喂养,当用牛奶、羊奶喂羔羊时,要尽量用鲜奶,因新鲜奶的味道及营养成分均好,且病菌及杂质也较小,用奶粉喂羊时应该先用少量冷水或开水,把奶粉溶开,然后再加热水,使总加水量达奶粉总量的5～7倍。羔羊越小,胃也越小,奶粉对水量应该越少。有条件的可加点植物油、鱼肝油、胡萝卜汁及多维、微量元素、蛋白质等。也可喂其他流体食物如豆浆、小米汤、代乳粉或婴幼儿米粉。这些食物在饲喂前应加少量的食盐及骨粉，有条件再加些蛋黄及胡萝卜汁等。

(4)加强运动。羔羊的习性爱动，早期训练运动促进羔羊的身体健康。出生后1周，天气暖和、晴朗，可在室外自由活动，晒晒太阳，也可以放入塑料大棚暖圈内运动。随着羔羊日龄的增长，逐渐加长在运动场的运动时间。运动可使羔羊增加食欲，增强体质，促进生长和减少疾病。针对牧区的羔羊，不宜过早放牧，否则会引起羔羊过度疲劳，早期体质衰弱，以致发病。羔羊宜出生后1.5～2个月随群放牧，开始要慢赶慢行，也可以采取放牧半天，在家休息半天的方法。

(5)及时分群。在编群时，应将发育相似的羔羊编群在一起。分群原则是：羔羊日龄越小，羊群就要越小，日龄越大，组群就越大，同时还要考虑到羊舍大小，羔羊强弱等因素。

(6)科学断奶。

①断奶方式：将拟断奶的母羊与羔羊，由1天2次接触喂奶，逐渐改为1天1次、2天1次、3天1次接触喂奶，最后断奶。这种断奶方式，让母羊和羔羊均有过渡适应，但断奶为期过长，管理不便。

断奶前10天内减少母羊给料，增加羔羊给饲次数，减少其哺乳次数，用布兜住母羊乳房，控制羔羊哺乳，7～10天即可断奶。

将拟断奶的母羊与羔羊突然分开。这种断奶方式，会让母羊和羔羊引起应激反应，需要1周时间才能转为正常，但可促使羔羊尽早独立，提高其生存能力，亦便于母羊和羔羊的管理。不过，要勤观察母羊乳房，发现胀奶可作1～2次人工挤奶，防止乳腺炎发生。

②断奶时间。用于留做培育后备公、母羊的羔羊在3月龄左右断奶。断奶时间也可按羔羊采食精饲料量确定。羔羊每日采食精饲料量在70～80克以上时断奶不会影响羔羊发育。

38.绒毛用羊对生态条件的要求有哪些?

自然的生态条件包括温度、湿度(降雨、降雪量)、风力、海拔、光照、地形、草质和草量等。当生态条件变化太大时,羊无法很快适应,因而会使羊的生产性能受到很大的不良影响,如羊毛变短变细、羔皮品质变劣;生长发育受阻,体格变小;公、母羊性机能减弱;公羊精液中畸形精子增多;母羊发情不正常,不孕率增加;羔羊成活率低;呼吸系统疾病、寄生虫病增加。这些不良生理现象的产生,虽然与饲养管理条件有关,但生态条件还是主要的因素。

(1)绒山羊。绒山羊不同于普通的山羊,虽然绒山羊生物学特性与普通山羊相似,由于绒山羊主要是产绒,而绒的生长只有在光周期变化明显的高海拔或高纬度地区才能生长。绒山羊主要分布在干旱、天然植被稀疏的荒漠、半荒漠地区以及地形复杂、坡度较大、灌木丛较多的山区,不易在湿热地带繁育。

山羊绒的产量多少和品质好坏,与山羊品种、产区生态条件以及饲养管理等因素均有关,但在自然因素中,主要受光周期变化的影响。

(2)肉、毛兼用绵羊。肉毛兼用绵羊要求半湿润及全年温差不太大的自然条件,对较湿润的条件也有很好的适应性。按照年降水量计算,以 600～1 000 毫米的地区最理想,而且在全年各月份的分布比较均匀;最冷月份的平均气温一般不低于 0℃,最高月份的平均气温一般不超过 22℃。

放牧饲养条件要求牧场上的天然牧草以中、短性禾本科、豆科及杂草类为佳,植被的覆盖度要大。营养上要求有丰富的蛋白质供应,全年均衡饲养。牧场坡度不宜过大,以 15℃以下为宜。流动、半流动沙丘及盐碱地都能损害羊毛的品质。这类羊同样适合于舍饲的集约化条件,优质作物秸秆也可以满足其粗饲料要求。

(3)细毛绵羊。适宜干燥气候条件,抗寒能力强,厌恶湿热,喜欢食矮小禾本科草及杂草,放牧性强。因此,我国北方草原牧区适应绵羊生产。如在澳大利亚,细毛羊主要分布在250～700毫米降水量的地区;中毛型适应较广;强毛型可适应较高的降水。目前我国的细毛羊也主要分布在北方300～700毫米降水量的区域内。

细毛羊的放牧,适应于中、短草型天然禾本科牧草并伴生有部分豆科牧草,要求牧草中蛋白质丰富,全年饲草供应均衡,灌木丛不宜过多。常在灌木丛放牧,羊毛中易混入很多草刺。

39.如何进行抓绒?手法上要注意什么?

(1)抓绒时间的确定。具体抓绒时间应视当地气候情况而定。一年抓绒两次,一般第1次多在4～5月份进行,第2次于头次抓绒后18～25天完成。绒毛脱落先从头部、耳根和眼周围的绒毛开始,一般以此来确定抓绒适期。

(2)抓绒前的准备工作。a.抓绒前,先将场地清扫干净。b.选羊。每天挑选有"顶绒"(即脖子上的羊绒脱离耳后一指左右)现象的羊选出,进行抓绒。c.保定。抓住山羊大腿前皮肤松弛部(这样羊只既不易逃脱,也不会损伤皮肉),然后把它横放在用木板搭成的抓绒台上,将两前肢及一后肢捆在一起,并将羊角用绳子固定,以防抓绒时乱动。

(3)抓绒操作。用特制的铁梳抓绒。一种为密梳,另一种为稀梳。梳子顶端呈秃圆形,以免抓伤皮肤。抓绒前,先将场地清扫干净,把保定好的羊只侧卧,用稀梳自上而下将被毛上的碎草及粪便等杂物轻轻梳除,然后用密梳逆毛梳。

(4)注意事项。a.空腹。抓绒的前一天下午不放牧、不喂饲,以防抓绒捆绑后影响其胃肠正常蠕动。抓绒应在山羊空腹10～20小时进行。b.体壮膘情好的羊先脱绒,瘦弱羊后脱绒;成年羊先脱绒,育成羊后脱绒;母羊先脱绒,公羊后脱绒;圈舍饲养绒山羊梳绒时间晚于放牧羊。c.对近产母羊禁止抓绒,可安排在产羔后再进行,以避免造成流产。d.对妊娠母羊,特别是后期(妊娠)母羊,抓绒时必须十分小心,谨慎操作。e.用力要均匀,不可用力过猛，以防抓伤皮肤。抓下的羊绒稍加晾晒，水分即可蒸发。

40.如何进行剪毛？

细毛羊、半细毛羊一般一年剪一次毛，粗毛绵羊每年可剪两次，除春季 5～6 月外，9～10 月再剪一次。给羊剪毛分为机械剪毛和手工剪毛。规模大的和集约化高的牧场通常采用机械剪毛，速度快，省工省时；规模小的羊场手工剪毛仍较为普遍。

(1)机械剪毛。对羊只进行安全保定，打开电剪开关，从羊胸部沿腹部皮肤向后腿方向推剪，逐片将腹毛剪下，勿伤及阴鞘或乳房；从羊上方后腿前侧根部向蹄部剪一刀，将后腿前侧毛剪下，再从蹄部向腿根部推剪至腿内侧，然后从羊下方后腿内侧根部向蹄部剪一刀，将腿内侧毛全部剪下；从羊上方后腿外侧沿蹄向脊柱方向推剪，将腿部与尾部毛剪下；剪毛者面对羊站到羊的腹侧，先腹部后背部逐一从尾部向颈部推动电剪，将体侧毛依次剪下并不断向上翻起；用手向剪毛者身后方向按压羊头，并用两腿向内夹住羊的四条腿，使羊脊柱弯起。沿脊柱两侧剪两剪，避免伤羊背；将羊上方前腿绊在剪毛者右腿后，左腿置于羊颈部下方并将其顶起，左手握羊嘴使羊头下垂，使羊颈部上侧皮肤绷紧并充分暴露。从肩部向头顶部方向将颈部、顶部羊毛剪下挑起，第 2 剪与之平行，从肩部剪至耳朵上方及面侧部，第 3 剪从背部向上，与前面两剪平行，剪净耳底部、角、顶部、肩胛骨部羊毛；将左腿抽出，将羊头向上拉起并牵引向肩部，使羊颈部下侧皮肤绷紧并充分暴露。按从颈椎向气管方向由顶部向肩部依次推剪，将颈部毛连片剪起。将羊头向上仰起，夹在两腿之间，左手握羊嘴使羊头上仰，使羊颈部皱褶皮肤绷紧并充分暴露。沿下颌向荐突方向推一剪，将颈部毛全部剪下；将羊轻轻翻转，剪毛者面对羊站到羊的背侧，先将羊后腿毛沿蹄向腿根剪下；沿背部到腹部次序依次从后向肩部推动电剪，将体侧毛依次剪下并不断向上翻起，剪至前腿时沿腿根部向蹄部将前腿毛全部剪下，直至将整个毛套全部剪下；扶起羊并牵引其有序离开剪毛区。

(2)手工剪毛。空腹剪毛比较安全。剪毛羊不放牧、不补饲、不饮水，一般选择无风的晴天，在上午进行剪毛。剪毛时，先用绳子把羊左侧前后肢捆住，使羊左侧卧地，剪毛人员蹲在羊的背后，由羊后肋向前肋直线开剪，然后按此平行方向剪腹部及胸部的毛，再剪前后腿毛，一直把羊的半身毛剪完。再用同样方法剪另一侧的毛；剪毛时，剪刀要放平，紧贴羊的皮肤，以便使毛茬留得短而整齐。若剪得不整齐，不要再剪。剪毛过程中要注意不要剪破皮肤，一旦剪破，要涂碘酒消毒，以防感染。

41.如何对绒毛用羊进行修蹄?

对绒毛用羊修蹄的主要工具有蹄剪、蹄刀。修蹄时，羊呈坐姿保定，背靠操作人员。一般先从左侧开始，术者用左腿架住羊的左肩，使羊的左前膝靠在人的膝盖上，左手握蹄，右手持修蹄器械，先除去蹄下的污泥，再将蹄底削平，剪去过长的蹄壳，将羊蹄修成椭圆形。修蹄要细心，动作准确有力，要一层层往下削；一般削到可见到淡红色的微血管为止，不可伤及蹄肉。修完前蹄后再修后蹄。如果不小心造成出血时，可采用压迫止血或烧烙止血方法，烧烙时要尽量减少对其他组织的损伤。

绒毛用羊蹄壳不断生长，长期在粗糙地面上因其羊蹄的磨损常造成畸形，故每年要定期修蹄 2～3 次。修蹄一般在雨后进行，或先在潮湿的草场放牧，使蹄壳变软，随后再进行修蹄。长期不为羊修蹄，不仅会影响羊行走和放牧，还会引起腐蹄病、肢势变形等，种公羊甚至能降低或丧失种用价值。

42.如何给绒毛用羊饮水与喂盐?

(1)设备。一般羊场，可用水桶、水缸、水槽给羊饮水；大型集约化羊场，可用饮水器，以防止致病微生物污染水源。

①水槽。建在离羊舍 100 米以外，地势稍高，其外围 3～5 米

处有护栏或围墙。井口、池口加盖。在其周边30米范围内无厕所、渗水坑、粪场、垃圾堆和废渣堆。在距水井或水池有一段距离的地方设置饮水槽。

②自动饮水器。与牛、猪用杯式饮水器相仿,由配水器、饮水槽、贮水罐、真空调节器及软管等组成。

(2)饮水。羊的日饮水量为3～5升,最大饮水半径为2.0～2.5千米。充足饮水能使羊只保持良好的食欲,有助于草料消化吸收。夏季饮水次数应多些,秋冬季节可少些。冬季怀孕的母羊要避免空肚饮水,最好是前晌放,后晌饮。羊只喘息未定时不要急于饮水,以免引起呛水而造成肺炎(俗称炸肺);饮水器具不够时,羊只拥挤饮水一般饮不好,还会出现事故。羊只喜欢清洁的流动的河水、泉水及刚提出来的井水,只有渴到极点时才会饮用脏水或污水。

(3)喂盐。每羊每日可喂给食盐5～10克。食盐可以单独放在饲槽或专用盐槽里让羊自由舔食,也可以放入饲料中或饮水中搅拌均匀喂给。给绒毛用羊喂盐既可促进食欲,又可供给氯和钠元素。

43.如何给绒毛用羊进行编号?

羔羊出生后2～3天,结合初生鉴定,即可进行个体编号。绵羊编号的方法甚多,主要有耳标法、刺字法、剪耳法等。

(1)耳标编号。制作耳标的材料有铝片和塑料。习惯编号的方法是第一个字母表示出生年号,其后为个体号,公羔编单号,母羔编双号。在耳标背面编品种号。如中国美利奴羊用"M"代表,"Mx"代表中国美利奴羊与新疆细毛羊杂交的杂种羊。至于代表几代,可在后面加1、2、3,分别代表一代、二代、三代。

打耳标时,用耳标钳在耳根附近耳棱之间用碘酒消毒后,用耳标钳打孔,将事先用钢字打好号码的耳标穿过圆孔,固定在耳上。目前,生产上普遍使用耳标法。

(2)剪耳编号。剪耳法常用作绵羊鉴定等级标记,纯种羊以右耳做标记,杂种羊以左耳做标记。此法的优点是经济简便易行。缺点是羊的数量多了不适用,缺口太多容易识错,耳缘外伤也会造成缺口混淆不清。

在耳的下缘作一个缺口代表一级,两个缺口代表二级,上缘一个缺口代表三级。上下缘各一个缺口代表四级,耳尖一个缺口代表特级。剪耳法是用耳钳在羊耳边缘剪缺口,进行编号或标明等级。剪耳法作个体编号,在羊左右两耳的边缘剪出缺口,代表其个体编号。对各部位缺口代表的数字都有明确的规定。通常规定左耳代表的数小,右耳代表的数大。左耳下缘一个缺口为1,两个缺口为2,上缘一个缺口为3,耳尖一个缺口为100,耳中间一个圆孔为400;右耳下缘一个缺口为10,两个缺口为20,上缘一个缺口为30,耳尖一个缺口为200,耳中间一个圆孔为800。剪的缺口不能太浅,否则随着羔羊的生长不易识别。

(3)刺字编号。刺字不适于耳部有色的羊只。是用特制的刺字钳和十字钉进行绵羊个体编号。刺字编号时先将需要编的号码在刺字钳上排列好,在耳内毛较少的部位,用碘酒消毒后,夹住耳加压,刺破耳内皮肤,在刺破的点线状的数字小孔内涂上蓝色或黑色染料,随着染料渗入皮内,而将号码固定在皮肤上,伤口愈合后可见到个体号码。刺字编号的优点是经济方便。缺点是随着羊耳的长大,字体容易模糊。因此,在刺字后,经过一段时间,需要进行检查,如不清楚则需重刺。

44.如何判断绒毛用羊的年龄?

(1)根据门齿来判断。小羊的牙齿叫乳齿,共20颗。成年羊的牙齿叫永久齿,共32颗。羔羊的乳齿,一般一年后换成永久齿。

(2)根据换牙来判断。一般来说,1岁不扎牙(不换牙),2岁1对牙(切齿长出),3岁两对牙(内中间齿长出),4岁3对牙(外中间齿长出),5岁齐口(隅齿长出),6岁平(牙上部由尖变平),7岁斜

(齿龈凹陷,有的牙开始活动),8 岁歪(齿与齿之间有大的空隙),9 岁掉(牙齿有脱落现象)。

(3)根据毛皮判断。一般青壮年羊,毛的油汗多,光泽度好;而老龄羊,皮松无弹性,毛焦。

(4)根据角轮判断。角是角质增生而形成的,冬春季营养不足时,角长得慢或不生长;青草期营养好,角长得快,因而会生出凹沟和角轮。每一个深角轮就是一岁的标志。

45.怎样给公羊去势?

为了提高羊群品质,每年对不做种用的公羊都做去势,防止杂交乱配。去势后公羊性情温顺,便于管理。公羊去势的时间为生后 2～3 周,天气寒冷也可以推迟时间,不可太早或太晚,过早则睾丸太小,去势困难;过晚则睾丸大,切口大,出血多,容易感染。

去势方法一般有以下几种:刀切摘除法、弹力皮环结扎法、去势钳法和化学去势法,常用的是刀切法和结扎法。

(1)结扎法。一种方法是将睾丸挤向腹腔,在阴囊基部结扎,使阴囊脱落,睾丸留在腹内,失去精子形成的条件,起到去势的作用。另一种方法是当羔羊出生 1 周后,将睾丸挤于阴囊内,用橡皮筋将阴囊紧紧结扎,经半个月后,阴囊及睾丸因血液供应不足而萎缩自动脱落(图 37)。

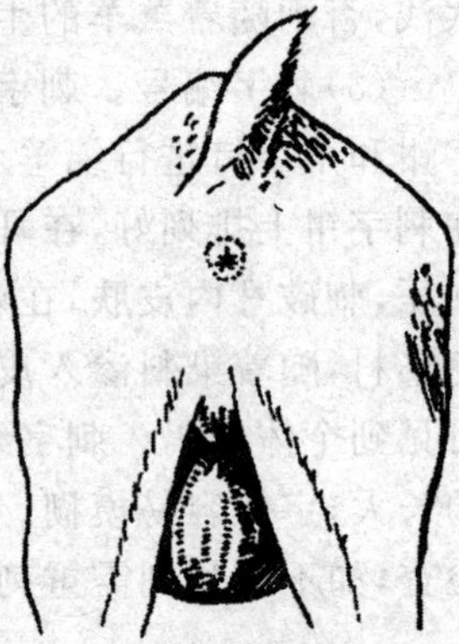

图 37　弹力皮环结扎去势

(2)刀切法。去势时,一人固定羊,用手抓住四蹄,腹部朝上,将阴囊部位向着手术人员。先将术部阴囊上毛剪掉,用 3%的石炭酸或者 75%的酒精消毒,左手握住阴囊根部,将睾丸挤向底部,再用右手持刀将底部纵向切开小口或横切掉阴囊底部,将睾丸挤出。剥离睾丸膜后,连同精索边捻边拉出撕断。摘除后,在切口处撒消炎粉,并涂碘酊消毒。两侧睾丸摘除后，保定者拽住两前肢，术者拽住两后肢，将四肢向前向后拉直，然后使羔羊站起。去势后最初几天，应对羔羊伤口经常检查，如有红肿发炎现象，要及时加以处理。去势羔羊要放在干净圈内，经常换垫草，保持干燥清洁，也不要急于放牧，以防过量运动引起出血。在破伤风疫区，应在去势前为羔羊注射破伤风抗毒素（图 38、图 39）。

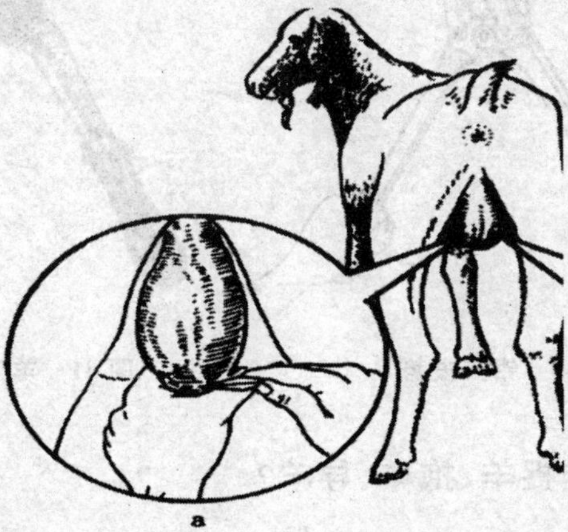

图 38　刀切摘除（切除阴囊下 1/3，通过切口摘除睾丸）

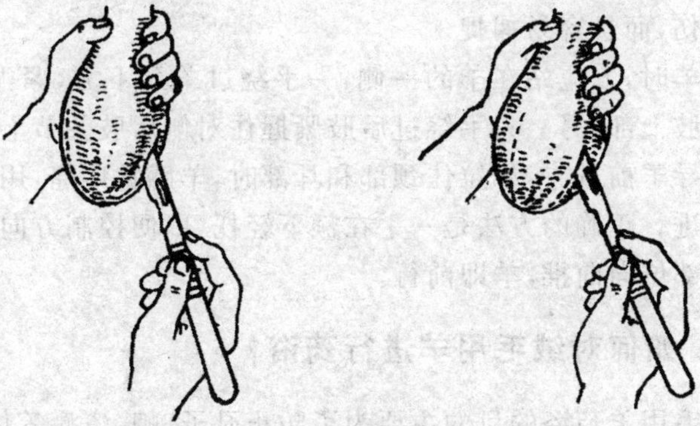

图 39　摘除去势的阴囊切开

(3)去势钳法(图 40、图 41)。

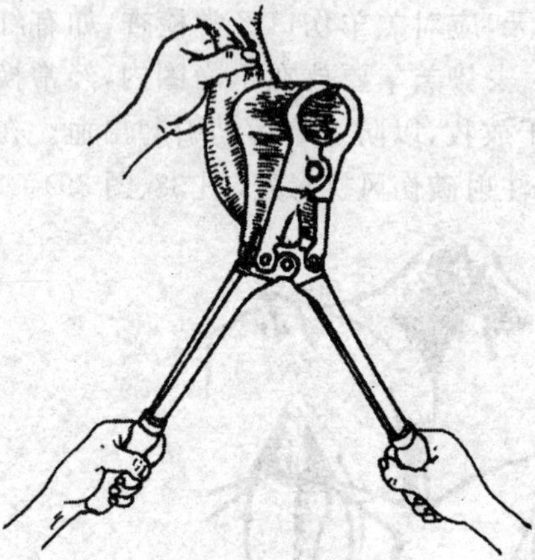

图 40　钳夹去势

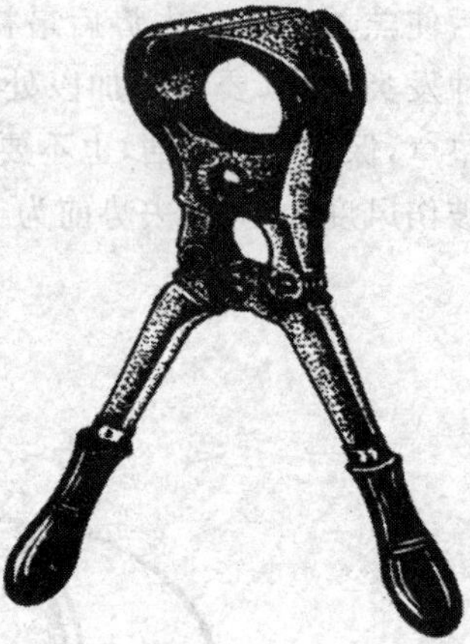

图 41　羊无血去势钳

46.怎样捉羊、抱羊、导羊?

捉羊是管理上常见的工作,有的捉毛扯皮,往往造成皮肉分离,甚至坏死生蛆,造成不应有的损失。正确的捕捉方法是右手捉住羊后腱部,然后左手握住另一腱部,因为腱部的肌肉松弛,不会使羊受伤,而且容易捕捉。

抱羊时,人应站在羊的一侧,一手绕过羊颈下方,紧贴羊另一侧的前肢上部,另一只手绕过后肢紧握住对侧后肢关节上部。

引导羊前进时,如拉住颈部和耳部时,羊感觉疼痛,用力挣扎,不易前进。正确的方法是一手在额下轻托,以便控制方向,另一手在坐骨部位向前推,羊即前行。

47.如何对绒毛用羊进行药浴?

绒毛用羊药浴的目的主要为了防止虱子、蜱、疥癣等体外寄生虫病的发生,这些羊体外寄生虫病对养羊业危害很大,不仅造成脱毛损失，更主要的是羊只感染后瘙痒不安，采食减少，逐渐消瘦，严重者造成死亡。

药浴的时间一般在剪毛后7～10天进行，药浴要选择晴朗天气，药浴前停止放牧半天，并供足水，防止羊因干渴而喝药水中毒。

常用的药浴药物有螨净、舒利保、30％烯虫磷乳油等。

常用药浴方法有喷雾法、池浴法和淋浴式药浴法。喷雾法即是将药液装在喷雾器内，对羊全身及羊舍进行喷雾。可省掉建药浴池的费用，比较方便，但缺点是容易造成药浴不完全。

池浴法即在药浴池中进行，可根据羊只的多少建固定药浴池或临时药浴池，农区羊数较少时，如无固定药浴池可设帆布药浴池、木槽药浴池或铁桶药浴池，能达到药浴的目的即可。

淋浴式药浴法是由机械喷淋装置和地面建筑组成，药浴效果好，速度快，容易操作，省力，但建设淋浴式药浴装置一次投入相对较大。

绒毛用羊药浴时要注意以下几点：药浴时先让健康的羊药浴，然后才是有明显寄生虫病的羊；药液要淹没羊的全身，并要把羊头压入药液中1～2次，浴后在阳光下滴留20分钟；在浴前8小时停止其采食，在入浴前2～3小时让羊饮足水，以防羊进入浴池后误饮药水造成中毒；怀孕2个月以上的母羊不能药浴。

48. 绒毛用羊四季放牧技术要点是什么？

（1）春季放牧要点：a. 防止采食毒草，放牧中应尽量避开毒草较多的地段，如低湿地段和阴湿的北坡等。b. 避免羊只跑青，羊只过多奔跑，消耗体力过大。放牧中应采用一条鞭的放牧队形，稳住羊群；要先放黄草，牧草长到5～10厘米时再放青。c. 注意放牧时间，要晚出牧早归牧，中午不休息。

（2）夏季放牧要点：a. 做到防昆虫、防中暑、防淋雨和防跌伤，保证羊群充分采食。b. 尽量不在露水草地上放牧，羊吃露水草易患寄生虫病或传染病，容易拉稀，且草中干物质含量低。c. 放牧时间应长，宜晚出晚归，中午不休息，补足盐和矿物质、饮好水，日放牧时间在10小时以上，有条件可夜牧。d.草地要高燥。一般选在高山、丘陵及其他较高的山坡地。这里风大风多，草低稀，昆虫较少，羊只采食安静，寄生虫病较少。

(3)秋季放牧要点：a.利用茬子地放牧，茬子地里有农作物的籽实和秸秆的细软部分，营养价值较高，可通过放牧进行有效利用。b.做到防食露水草和霜草，防食有毒草，防食有害草，防食高长草。c.少走路多放牧，减少游走里程，羊群放牧队形以满天星为宜。放牧时间要早出晚归，中午稍休息。

(4)冬季放牧要点：a.防止母羊流产。视放牧情况给羊适当补饲和搞好羊舍保温，也有利于防止母羊流产。此外，要确保母羊不走冰埂或冰上，不喝冰水，不要急赶，出、入圈时不拥挤等。b.放牧地要选择利用。通常考虑要先放阴坡，后放阳坡；先放沟底，后放坡地；先放低草，后放高草；先放远处，后放近处。c.放牧时间应短。一般是晚出早归，中午不休息。顶风放牧比顺风放牧好，因为顶风走时羊毛顺贴体表，可减少体温丧失；牧草倒向嘴边，有利于采食；天气变化时，好顺风往回赶。

49.如何进行羔羊的寄养？

母羊一胎多产羔羊(或母羊产后意外死亡)，可将一窝产羔数多的羔羊分一部分给产羔数少的母羊寄养。采用羔羊寄养时，为确保寄养成功，一般要求两只母羊的分娩日期比较接近，相差时间应在3～5天之内，两窝羔羊的个体体重大小不宜差距过大，另外，母羊的嗅觉较为灵敏(特别是本地母羊)。将保姆羊的胎衣或乳汁涂抹在寄养羔羊的臀部或尾根；或将羔羊的尿液抹在保姆羊的鼻子上；也可将已死去的羔羊皮覆盖在需寄养的羔羊背上；或于晚间将保姆羊和寄养羔关在一个栏内，经过短期熟悉，保姆羊便会让寄养羔羊吃奶。

50.为什么绒毛用羊在卧式梳绒前要禁食禁水?

有一羊场,梳完绒的羊不吃不喝,很快就死了。养殖户怎么也想不到,给羊梳绒竟然会把羊梳死。技术员经过检查后发现死亡的这只羊比正常的羊要大,并且用手按它的肚子有鼓鼓的感觉。经过了解之后得知,原来是养殖户在给羊梳绒之前把它喂得太饱。结果问题就是出在这里。原来,在梳绒前给羊吃饱喝足了,食物就会储存在羊的瘤胃内,梳绒时间一长,另外加上要翻来动去的,很容易压迫到瘤胃,瘤胃内的微生物发酵产生大量的气体,造成瘤胃鼓气,如果不能及时排出这些气体,就会引发羊呼吸困难,进而导致羊窒息死亡。因此,在梳绒前 12 小时之内,一定要禁食禁水。让羊空腹,这样羊胃里面的内容物就比较非常少,在卧式梳绒的过程当中,腹腔内压力也会比较小,对羊的呼吸非常有利,羊就不会觉得不舒服了。

51.如何合理安排绒毛用羊的产羔时间才能保证产绒量?

在梳绒的季节里,有些羊能产 400～500 克绒,但是还有些羊却只能产 150～200 克的绒。这是为什么呢?

放牧饲养时,绒毛用羊在每年的 8～9 月交配,也就是说 9～12 月正好是母羊的怀孕期,而这个时候,也是绒山羊绒毛生长的最佳时期,生长的绒毛量占到全年总产绒量的 90%。长绒需要营养,胎儿的生长也需要营养,它们一冲突,势必影响到母羊的产绒量。看来必须调整绒山羊的交配时间。

如果让羊在春季产羔,这个问题就比较好解决了。羊的配种时间往后延,放在 10～11 月,那么母羊的怀孕期是 12 月以后,与长绒期正好避开,这样母羊就能做到两头不耽误,既能产好羔,也能产好绒。

52. 能量饲料有哪些特点？

能量饲料是指每千克饲料干物质中消化能大于等于10.45兆焦以上的饲料，其粗纤维小于18%，粗蛋白小于20%。主要包括各种谷物籽实及其加工副产品及薯干类等饲料。能量饲料是一种淀粉含量很高的饲料，具有易消化，营养物质含量高，体积小，水分少，粗纤维含量低和适口性好等优点，因此，它也是舍饲养羊一种不可缺少的饲料。但应该指出的是，利用能量饲料喂羊也有一定的缺点，其中最主要的是一次喂量不可太大，更不适合单一用来喂羊。否则，极易引起羊的消化不良，乃至消化机能紊乱。严重时甚至还有引起发病死亡的可能。

能量饲料主要包括禾本科籽实和糠麸类饲料。

(1)禾本科籽实　常用的有玉米、大麦、燕麦和高粱等。营养特点：a. 淀粉含量高。b. 粗纤维含量低。c. 粗蛋白含量中等。d. 脂肪含量少。e. 矿物质含量不一。f. 适口性好，易消化。

(2)糠麸类饲料　包括米糠、麸皮、玉米皮等。营养特点：a. 米糠中含较多的脂肪，达12.7%左右，因此易酸败，不易贮藏，如管理不好，夏季会变质而带有异味，适口性降低。b. 麸皮粗纤维含量高，质地疏松，容积大，具有轻泻性。c. 玉米皮的营养价值低，不易消化，饲喂时应经过浸泡、发酵，以提高消化率。

53. 青饲料在绒毛用羊饲养中的重要作用是什么？

青饲料是一种营养丰富而且营养物质含量全面，能为绒毛用羊机体提供全价营养物质，又是绒毛用羊喜欢采食、适口性好的一种优质饲料。青饲料含水分高于60%，包括叶菜类、作物的鲜茎叶、牧草和水生植物等。青饲料基本含有绒毛用羊所需要的营养物质，它具有精料不能完全代替的特性。

(1)科学饲喂。幼嫩的青绿饲料蛋白质含量和消化率较高，但生长后期，特别是结子后则下降；青草茎叶的营养含量上部优于下部。叶优于茎。所以,要充分利用生长早期的青绿饲料,收储时尽量减少叶部损失。

(2)营养价值高。青饲料的氨基酸组成比较完全,赖氨酸、色氨酸和精氨酸较多,营养价值高。含水量高达 75%～95%,含粗纤维较少,柔嫩多汁,可以直接大量用来喂羊。

蛋白质含量丰富,在一般禾本科和叶菜类中含 1.5%～3%(干物质中 13%～15%),豆科青饲料中含 3.2%～4.4%(干物质中 18%～24%)。

维生素含量丰富,其中维生素 E、维生素 K 含量较多,胡萝卜素含量高达 50～80 克/千克。但缺乏维生素 D。

青饲料是矿物质的良好来源,钙、磷比较丰富,但各种青饲料的钙、磷含量差异较大。青饲料的钙、磷多集中在叶片内。一般秸秆、谷实、糟渣等都缺少钙,以这些饲料为主喂羊时要注意钙的添加。

54.粗饲料在绒毛用羊饲养中的重要作用是什么?

粗饲料是指含能量低,含粗纤维高(约占干物质 20%以上)的植物性饲料,如干草、秸秆和秕壳等。这类饲料的体积大、消化率低,但资源丰富,是绒毛用羊等草食家畜主要的补饲料。

(1)秸秆。秸秆饲料虽有许多不足之处,但经过加工调制后,营养价值和适口性有所提高,仍是羊冬季补饲的主要饲料。秸秆的特点是粗纤维含量高,占干物质的 31%～45%,木质素、半纤维素含量高,如燕麦秸秆粗纤维含量为 49.0%,木质素为 14.6%。而且纤维素、半纤维素和木质素结合紧密、质地粗硬、适口性差、消化率低。一般消化能在 7.78～10.46 兆焦/千克。粗脂肪含量较少,1.3%～1.8%。粗蛋白质含量低,豆科秸秆为 8.9%～9.6%,禾本科为 4.2%～6.3%。胡萝卜素含量低,禾谷类秸秆为 1.2～5.1 毫克/千克。

(2)秕壳。是农作物子实脱壳后的副产品,一般来说营养价值高于秸秆。

(3)干草。干草营养价值与牧草种类、物候期和调制技术密切相关。干草的特点是粗纤维含量高，一般是26.5%～35.6%。粗蛋白质的含量随牧草种类不同而异，豆科干草较高，为14.3%～21.3%，而禾本科牧草和禾谷类作物干草较低，为7.7%～9.6%。但能量值差异不大，消化能为9.63兆焦/千克左右。钙的含量一般豆科干草高于禾本科干草，如苜蓿为1.42%，禾本科为0.72%。干草是由青绿牧草在抽穗期或花期刈割后干制而成。干草调制成功后，仍保留一定的青绿颜色，故亦称青干草。干草调制过程中，牧草中20%～40%的营养物质被损失。

55.羔羊饲养管理中有哪些应该注意的地方?

羔羊饲养管理是绒毛用羊生产发展的主体，是提高养羊生产效益的重要环节。羔羊饲养管理要注意如下几点。

(1)尽快吃足初乳。羔羊在初生后30分钟内应该保证吃到初乳，对吃不到初乳的羔羊，最好能让其吃到其他母羊的初乳，否则很难成活。对不会吃乳的羔羊要进行人工辅助。

(2)保证常乳供应。常乳期(6～60天)这一阶段，奶是羔羊的主要食物。从出生到75日龄是羔羊体重增长最快的时期。羔羊小时候增长快，营养需要量大，给奶量少了就不能满足其营养需要。而它能吃草后，瘤胃开始增大，给大量的奶，使它不愿吃草，又会影响胃肠发育。

(3)饲喂要定时、定量、定温(35～39℃)。即开始1次/6小时，1月龄后可以1次/8小时，以后过渡到1次/12小时，随着羔羊日龄和体重的增加，喂奶次数可以减少到1次/天。同时要严格把握哺乳量，羔羊生后2个月内，其生长速度与吃奶量有关，它每增重1千克需奶6～8千克。整个哺乳期给80千克奶，平均日增重母羔不低于140克、公羔不低于160克。不足会造成营养不良，生长发育缓慢，如过量则消化不良，引起羔羊拉稀。

(4)奶与草合理搭配。开始奶与草料并重,注意日粮的能量、蛋白质营养水平和全价性,日粮中可消化蛋白质以16%～20%为佳,可消化养分以74%为宜。后期奶量不断减少,以优质干草与精料为主,全奶仅作蛋白质补充饲料。

从10日龄后开始给草,将幼嫩的青草、干草捆成把吊于空中,让小羊自由采食。生后20天开始教它吃料。在饲槽里放上用开水烫过的料,引导小羊去啃,反复数次就会吃料了。40～50天后减奶加料,若料吃不进去则会影响生长发育。

(5)供水及时并卫生。在2个月以前饮温开水,2个月以后至断奶饮凉开水,4月龄后,天气暖和时可饮新鲜的自来水。

(6)适时分群补饲。一般羔羊达到2.5～3周龄时开始补饲,因为这时的羔羊,对谷粒没有恋食的倾向,不用担心羔羊贪吃过食,如果产羔期持续较长,羔羊出生时间不集中,可以划大群为小群,按羔羊大小分群,分期开始补饲,最早可以从10日龄开始。羔羊补饲料通常是将黄米或碎玉米煮至半熟,与胡萝卜一起混合均匀放入饲槽。也可按羔羊饲养标准配制成颗粒料,放在饲槽中让羔羊自由采食。羔羊在补饲栏内可采食到饲料,在栏外能吃到母乳,两者结合起来才能满足羔羊发育的需要。

(7)卫生条件。这是培育羔羊的重要环节,保持良好的卫生条件有利于羔羊的生长发育。舍内最好垫一些干净的垫草,室温保持在5～10℃。

56.蛋白质饲料有哪些特点?

蛋白质饲料中粗纤维低于18%,粗蛋白大于20%。包括动物性蛋白质饲料、植物性蛋白质饲料和微生物蛋白质饲料。

(1)动物性蛋白质饲料。蛋白质含量高,品质好,所含必需氨基酸较全,特别是赖氨酸和色氨酸含量丰富。因此,蛋白质生物学价值高,属优质蛋白质料。这类饲料不含纤维素、消化率高。钙磷比例恰当,B族维生素含量丰富。

(2)植物性蛋白质饲料。常用的有豆粕、棉籽饼、花生饼、菜籽饼、亚麻饼、葵花饼、椰子饼等。营养特点:其可消化蛋白质含量达30%～40%,且氨基酸组成较完全。因加工方法不同,粗脂肪含量差别较大。一般压榨生产的饼粕脂肪含量高5%左右,而浸提法生产的饼粕脂肪含量低1%～2%。无氮浸出物含量少,约占干物质的30%。粗纤维含量与加工时是否带壳有关,不带壳加工,其粗纤维含量仅6%～7%,消化率高。B族维生素含量丰富,胡萝卜素含量少,钙低磷高。

(3)微生物蛋白质饲料。蛋白质含量很高,在40%～50%。主要是菌体蛋白,其中真菌蛋白质占到80%,蛋白质的品质介于动物性蛋白饲料与植物性蛋白饲料之间。目前应用较多的是石油酵母、其蛋白质消化率很高,达95%左右,但其利用率却不高,为50%～59%。如添加0.3%消旋蛋氨酸,可起到氨基酸平衡的作用,大大提高石油酵母的消化率和利用率。

57.绒毛用羊的常用饲料如何进行分类?各有什么特点?

绒毛用羊饲料的种类甚多,可分为动物性饲料、植物性饲料、矿物性饲料及其他特殊饲料。

(1)精饲料。指体积小、粗纤维含量低、能量含量高的饲料,如籽实饲料(玉米、大麦、高粱、青稞、燕麦、豌豆和蚕豆等)。油饼类饲料的蛋白质含量高,粗纤维含量少于粗饲料,能量与籽实饲料几乎相等,是蛋白质的补充饲料,可列入精饲料。糠麸饲料(种子表皮磨下部分,含有少量淀粉)的粗纤维含量略高于籽实饲料而低于粗饲料,其能量少于籽实饲料,多于粗饲料,亦可列入精饲料。精料是羔羊、母羊妊娠后期、种公羊重要的补充饲料。

(2)粗饲料。干物质中粗纤维含量大于或等于18%的均属粗饲料,包括干草类、农副产品类以及部分粗糠、酒糟等。粗饲料的特点是体积大,木质素、纤维素、半纤维素等难以消化的物质含量高,可利用能量低,而粗蛋白质、矿物质和维生素的含量因饲料品质的不同差异很大。

①农副产品类。这一类饲料的特点是纤维素含量高，且难以消化，营养价值低，含钾量较多，属碱性饲料，对羊来说是很重要的基础性饲料。

②干草类。干草类饲料包括人工种植的牧草和野干草。在青绿期收割后经干燥制成的干草，由于保留了一定的青绿色故称“青干草”；而枯草期收割后制成的干草则称“秋白草”，其营养价值和适口性均低于青干草。青干草也因品种的品质不同；或收割期的早晚；或干制条件的优劣等，而饲料价值差异很大。

(3)青绿饲料。包括天然水分含量在60%以上的各种牧草、野草、树叶、蔬菜、块根、块茎以及水生饲料等。这类饲料的特点是鲜嫩多汁，适口性好，消化率高；所含粗蛋白质品质好，含B族维生素和胡萝卜素丰富，钙、磷比例适宜。青绿饲料可提供近似一般精饲料的营养价值，是草食家畜的重要饲料来源；大量饲喂可促进生殖器官的发育，促进发情、排卵，增加受胎率，延长母畜利用年限。

(4)青贮饲料。是将新鲜青绿饲料，装填到密闭的青贮容器内，在厌氧条件下利用乳酸菌发酵产生乳酸，当青贮物pH接近4.0时，所有微生物处于被抑制状态以保存青绿饲料。在青贮过程中，营养物质损失低于10%。青贮饲料的粗蛋白质和胡萝卜素含量较高，具有酸香味，柔软多汁，适口性好，容易消化，是冬季优良的补饲料。

(5)块根块茎类饲料。属于多汁饲料，如马铃薯、胡萝卜、甜菜等。其水分和可溶性碳水化合物含量高，粗纤维和蛋白含量(按干物质计算)接近禾本科籽实饲料，适口性好，易消化。可用于羊冬季补充饲料，以平衡全年饲料供应。

(6)微量元素添加剂。各地微量元素缺乏不尽一致，需要有针对性地补充。在日粮中，由于添加量很少，每吨饲料为1～9克，因此必须混合均匀，使用时必须干燥。

(7)维生素添加剂。在夏秋季节，一般不会出现维生素缺乏症。但在冬春枯草期放牧绵、山羊，常会出现维生素不足。对配种季节的种公羊、枯草期的妊娠母羊和幼龄羊都需要添加维生素。

(8)矿物质饲料。属于无机物饲料。羊体所需要的多种矿物质从植物性饲料中不能得到满足，需要补充。常用的矿物质补充饲料有食盐、石灰石粉等。

58.怎样利用糟渣类饲料？

饲喂绒毛用羊的常用糟渣饲料有豆腐渣、甘蔗渣以及甜菜渣等。

豆腐渣主要是以大豆为原料加工豆腐的副产品，有的单位采用与糠麸、青料混合饲喂，效果较好。鲜豆渣含粗蛋白质4.7%、含水80%以上，容易酸败，喂多了容易引起羔羊拉稀。实践证明，豆腐渣应新鲜饲喂，喂前应将水挤出或与糠麸类饲料混合饲喂。

甘蔗渣是指甘蔗制糖后的残渣。甘蔗渣含有较丰富的碳水化合物，但纤维素含量高，在原料含水10.3%的情况下，木质素含量达20%，因此，未加工处理时，适口性和营养价值差，所以应加工调制。这类饲料质地松软，具有果香味，适口性好，营养价值高，因此饲喂效果好。为提高甘蔗渣的利用效果，一般常采用“碱化蔗渣+糖蜜+尿素”配料制作青贮料。

甜菜渣是指用甜菜制糖加工时剩余的残渣。甜菜渣的主要成分是可溶性无氮浸出物，其蛋白质含量少，钙含量多，磷含量少，适口性强，含纤维素较多，容易消化，含热量高。单独饲喂时，要补充钙、蛋白质。含水量大约为85%，不能长期储存，可干燥后储存。实践证明，与豆科青料混合喂饲效果好。

59.怎样利用块根类饲料？

用于绒毛用羊饲喂的块根类饲料有甘薯、胡萝卜、萝卜、马铃薯等。这类饲料可以地上收茎叶，地下收块根、块茎，因此，产量高，而且还可以与其他作物间作、套种和轮种，充分利用土地，增加粮食和饲料生产，所以是高产饲料，也是饲喂绒毛用羊的良好饲料。

块根类饲料水分含量高，不易保存，相对干物质含量少，属大容积饲料。就干物质而言，含纤维素少，一般含量为2.6%～3.24%或8.0%～12.5%，无氮浸出物含量高，其含量为67.5%～88.1%。

在饲喂块根类饲料时应注意以下几点。

(1)最好是连同茎叶一起切短、切片掺入适量干草粉进行青贮，比用窖藏效果好。

(2)块根、块茎饲料与苜蓿等富含蛋白质的干草混合饲喂，并加喂食盐、骨粉等矿物质，其饲喂效果好。

(3)应与麦麸等粗纤维含量高的饲料混合饲喂，效果好。

60.怎样判断青贮质量好坏？

青贮饲料的品质与其颜色、气味、结构等有密切关系。生产中往往是通过对出窖青贮采用看、闻、捏的方法来进行感官鉴定(表1)。

表1　青贮饲料品质鉴定标准

品质等级	pH	颜色	气味	结构质地
低劣	5.6～6.0	黑色、褐色或墨绿色	有刺鼻腐臭味，或霉味	茎叶腐烂黏成团或松散干燥、粗硬
中等	4.6～4.8	黄褐色或暗褐色	有刺鼻酸味，或香味淡	柔软，但稍干或水分多
优良	4.0～4.2	青绿色或黄色	芳香酒酸味	茎叶结构良好，松散，质地柔软，略湿润

61.如何制备与利用青贮饲料？

(1)适时收割。玉米秸秆青贮在籽粒熟末期；高粱在穗完全成熟后；稻草在割下水稻立即脱粒后；玉米全株青贮在蜡熟期至黄熟期；甘薯在早霜前叶未黄时收割。

(2)青贮设备的清理。已用过的青贮设备在重新使用前，必须将其中的脏物和杂物等清理干净，有破损处要加以修补。

(3)原料切碎。一般切成2厘米左右，以利于压实和便于羊以后的采食。

(4)控制水分。大多数青绿饲料原料青贮时均需进行水分调节。当原料水分低时，将新鲜的青绿饲料交替装填入窖，混合贮存；水分过多时，适量加入干草粉或秸秆粉等含水量少的原料。

(5)装填压实。一旦开始装填青贮原料，就要尽量缩短操作时间。原料装填每达15～20厘米厚时，须压实一次，并且要特别注意窖边和四角的压实。

(6)密封覆盖。原料装满压实后应高出窖口30厘米以上，然后尽快密封和覆盖。先用塑料膜或干草覆盖原料再盖以50厘米左右的土并拍打成馒头状。

(7)排水。应在窖四周约1米处挖一条浅排水沟，防止雨水积聚渗入窖内。封窖后连续1周应每天检查窖的下沉情况，以防封土下陷，窖顶积水，造成裂缝和空气进入。

(8)利用。长形窖和堆垛应从一端取用；圆形窖应从顶端逐层取用，并随时将塑料膜盖严；袋装青贮饲料每次取用后也应将袋口扎紧，并将袋中的空气排净，避免二次发酵变质。

饲喂青贮饲料应由少到多逐渐增加，使绒毛用羊有一个适应的过程。

62.如何准备青贮原料？

(1)选择。玉米在不影响产量的情况下，尽量早收。

(2)切碎。青贮玉米应先用机械切碎，有利于乳酸菌迅速发酵。

(3)调整湿度。青贮玉米秸秆的含水量应为65%～75%，用手握紧切碎的秸秆，指缝有液体渗出不滴下为宜。如果含水量不足，可在切碎的过程加水或与含水量高的秸秆混合青贮。含水量过高时，应适当晾晒或添加一些粉碎的干料，如麦麸、干草等。

(4)使用添加剂。为提高青贮饲料的营养和改善适口性，可在原料中添加秸秆总重量 0.3%的尿素，或秸秆总重量 0.1%～0.15%的食盐。

63.青贮失败的原因有哪些？保证青贮成功的关键是什么？

(1)青贮饲料有时会全部或大部分发生霉烂、变色、黏稠、异味等严重失败现象，原因主要有以下几个方面。

①茎秆中有空洞。原料茎秆中留有空洞，也会使青贮发霉。对这类原料必须严格压紧，把秸秆中的空气全部彻底排除出去。

②水分太高。青贮原料含水过多，导致青贮窖底部好几尺厚的青贮变得酸臭、水渍、不适口，以至羊等拒食。水分过高，发酵就不理想，对于豆科青贮其效果更差。经稍凋萎的原料，其含水量降低，青贮品质较好。

③水分太少。青贮原料含水量过少时，青贮饲料压不实，其中空气残存过多，会使青贮霉坏变质。

④原料含糖过高。青贮原料含糖非常高，例如，用未成熟的玉米或高粱青贮，造成含酸过多，青贮饲料变酸臭，极不适口，这种青贮若喂多了会使羊发生腹泻。

⑤原料含酸不足。青贮原料含酸不足，不能制止发酵，有害细菌就可以起腐化作用，这些细菌产生的酸就会破坏相当多的蛋白质而产生异味，使青贮饲料变黏。

(2)青贮成败的关键是为乳酸菌繁殖创造适宜的条件，乳酸菌的大量繁衍应具备以下条件。

①在青贮过程中，要求原料的收割、运输、切碎、压实、密封等操作环环紧扣，在短时间内连续完成，否则，好气菌、腐败菌会借机

滋生而导致青贮失败。

②青贮原料中含糖量不低于1%～1.5%。糖分过低，乳酸增长缓慢，饲料容易腐败；糖分过高，饲料过酸。根据原料含糖的多少，可粗略地将其分为三类：不易青贮原料，如瓜类蔓秧等；易贮原料，如玉米、高粱、禾本科饲草和秸秆、饲用甜菜、菊芋等；难贮原料，如苜蓿、草木樨、豆科牧草、马铃薯茎叶等。在生产中，往往将易贮与不易贮原料搭配混合，或在青贮原料中加3%～5%玉米粉或麸皮以增加含糖量。

③适宜的水分是保证乳酸菌正常增殖和发酵的重要条件。水分过少，原料不宜压紧，窖内存留空气多，易造成好气菌大量繁殖而导致饲料发霉腐烂；水分过多，糖分浓度低，汁液外渗造成养分流失，并易使原料结块，降低乳酸浓度，导致酪酸发酵，产生挥发性酪酸和氨，使青贮饲料变得恶臭。原料的适宜含水量为60%～70%。测定含水量的方法是：用力捏一把青贮料，指间湿润不滴水为宜。

64.绒毛用羊的消化道结构特性及消化机能特点？

绒毛用羊没有上门齿和犬齿，采食时用下门齿啃食短草和草根，或借助于上唇、舌和下门齿摄取食物。

绒毛用羊具有四个胃室。第一个胃叫瘤胃，容积较大，可作为临时的“贮存库”。第二个胃叫网胃，为球形，内壁分隔成很多网格如蜂巢状故又称蜂巢胃。第三个胃叫瓣胃，内壁有无数纵列的褶膜，对食物进行机械性压榨作用。第四个胃叫皱胃，类似单胃动物的胃，胃壁黏膜有腺体分布。前三个胃由于没有腺体组织，不能分泌酸和消化酶类，对饲料起发酵和机械性消化作用，称为前胃。第四胃，具有分泌盐酸和胃蛋白酶的作用，可对食物进行化学性消化，又称真胃。成年羊四个胃总容积近30升，相当于整个消化道容积的66.9%，瘤胃最大，皱胃次之，网胃较小，瓣胃最小。依次占复胃总容积的78.7%、11.0%、8.6%和1.7%。

初生时期羔羊前三胃的容积较小,没有消化粗纤维的能力。因此,初生羔羊只能依靠哺乳来满足营养需要。随着日龄的增长和采食量的增加,前三胃的容积逐渐增大,大约 20 天后开始有反刍活动。这时真胃凝乳酶的分泌逐渐减少,其他消化酶的分泌逐渐增多,能对采食的部分草料进行分解。增强对植物性饲料的消化能力,提前出现反刍活动。随着日龄的增长,前胃迅速发育,在前胃逐渐建立起比较完善的微生物区系。

小肠长度为 17～34 米(平均约 25 米),细长而曲折,有利于饲料营养成分的吸收。肠黏膜中分布有大量的腺体,可以分泌蛋白酶、脂肪酶和淀粉酶等消化酶类。胃内容物进入小肠后,在各种酶的作用下进行消化,分解为一些简单的营养物质经绒毛膜吸收;尚未完全消化的食物残渣与大量水分一道,随小肠蠕动而被推进到大肠。

大肠无分泌消化液的功能,其作用主要是吸收水分和形成粪便。小肠内未完全消化的食物残渣,可在大肠内微生物及食糜中的酶的作用下继续消化和吸收。吸收水分后的残渣形成粪便,排出体外。

65.有哪些特殊青贮技术？有什么特点？

(1)青贮中添加矿物质。在尿素玉米青贮中添加 0.5％硫酸钠,可以促进对非蛋白氮的有效利用。在玉米青贮中添加 0..3％～0.5％磷酸钙,能补充钙、磷。

(2)青贮中添加尿素。可以在青贮原料中添加相当原料重 0.5％左右的尿素,可以提高青贮饲料的粗蛋白质含量。原料装填时,将尿素制成水溶液均匀喷洒在原料上。

(3)青贮中加酸。加入酸类,能进一步抑制腐败菌和霉菌的生长。常用的添加物有苯甲酸,一般先用乙醇溶解后,按青贮料的 0.3％添加。甲酸,禾本科牧草添加 0.3％,豆科牧草添加 0.5％,一般不用于玉米青贮。丙酸,按青贮料的 0.5％～1％添加。

(4)青贮中添加甲醛。可以防止青贮饲料在青贮过程中的霉变。在每吨青贮饲料原料中添加85%的甲醛3～7千克,青贮过程中无腐败菌活动,干物质损失减少50%,消化率提高20%左右。

(5)青贮中添加酶制剂。在青贮苜蓿时加入鸡尾酒酶,可使青贮料的pH由5.38降到4.1,每千克干物质中乳酸含量由57克提高到151克。

(6)半干青贮。利用半干青贮技术能解决豆科牧草单独青贮不易成功的问题。在实际生产中,二茬苜蓿收割时正值雨季,晒制干草常遇雨霉烂,用半干青贮技术调制二茬苜蓿是个好办法。

干物质含量比一般青贮饲料高1倍以上,无酸味或微酸,适口性好,色深绿,养分损失少。制作时要使青贮原料尽快风干,一般应在收割后24～30小时,豆科牧草含水量达到60%左右,禾本科牧草达到45%。原料在这种低水分状态下装窖、压实、封严。

66.如何加工和利用秸秆饲料?

(1)铡碎。秸秆粉碎后可增加其表面积,使瘤胃微生物及其分泌的酶易于接触。干草和秸秆可切短至2～3厘米,或用粉碎机粉碎,但不宜粉碎的过细或成粉面状,以免引起反刍停滞,降低消化率。在体内消化试验中,加工细粉碎一般表现为降低消化率,这主要是由于饲料在消化道内流通速度加快,减少了在瘤胃内的停留时间。而活体外培养一般表现为提高有机物或干物质消化率与消化速度。

(2)压制成颗粒饲料。在生产实际中,秸秆饲料(或粗饲料)粉碎后往往压制成颗粒,以提高饲料的进食量,常用的方法有以下几种。

①一种是秸秆添加尿素。其做法是,将秸秆粉碎后,加入尿素(占全部日粮总氮量的30%)、糖蜜(1份尿素,5～10份糖蜜)、精料、维生素和矿物质,压制成颗粒、饼状或块状。这种饲料,粗蛋白质含量提高,适口性好,延缓氨在瘤胃中释放速度,防止中毒,可降

低饲料成本和节约蛋白质饲料。

②另一种是将秸秆、秕壳和干草等粉碎后，根据羊的营养需要。配合适当的精料、糖蜜（糊精和甜菜渣）、维生素和矿物质添加剂混合均匀，用机器生产出不同大小和形状的颗粒饲料。秸秆和秕壳在颗粒饲料中的适宜含量为30％～50％。这种饲料，营养价值全面，体积小易于保存和运输。

（3）氨化。是将作物秸秆按一定比例喷洒氨源溶液后在密闭和适宜温度条件下，经一定时间的化学反应，使秸秆变软，粗蛋白质含量提高，成为绒毛用羊等反刍家畜的饲料，称氨化饲料。

秸秆氨化处理后，质地蓬松，味甘辛，提高了适口性和对粗纤维的消化率；由于氨态氮的贮留和铵盐的形成，饲料中的非蛋白氮增加，在瘤胃微生物的作用下，使饲料蛋白质总量增加；同时含水量高的秸秆经氨化后可防止霉变、杀灭杂草种子、寄生虫卵及病原微生物。

秸秆氨化的常用方法有如下两种。

①液氨氨化法：液氨又称无水氨。当其在空气中的浓度为15％～18％时，遇火即可引起爆炸，尽管这种现象极少发生，但如果在秸秆处理中不注意，则可能会引起严重事故。在常温下，无水氨的沸点很低（－33.4℃），以气体的形式存在不便使用，故应高压密封保存。

准备好氨化用具。采用堆垛法时，应先将地面整平，铺好塑料膜；采用氨化池，需提前用水泥砌好池子。

将秸秆铡短，称重，调整其含水量为30％～50％，亦可将秸秆打成15千克左右的草捆；将水分合适的秸秆装池或堆垛并用塑料膜密封，四周用土或水泥压实，严防漏气；在预定的充氨点插入氨枪，打开氨瓶开关，当充氨量达到秸秆干物质的3％时（含水量15％～20％），停止放氨，取出氨枪并立即封好充氨孔；开封时间依环境温度确定，一般1～8周。

液氨对呼吸道及皮肤有危害，遇火易引起爆炸。操作时应严格遵守操作规程，要经常检查贮氨罐的密封性，严防碰撞和烈日暴晒罐体，充氨时要有专人负责，操作人员要戴好防毒面具，操作场地应严禁火源。

秸秆变成棕色时即可开垛放氨。经 2～3 天风吹日晒，氨味全部挥发掉后就可饲喂。饲喂氨化饲料要由少到多，与其他饲料混合饲喂，经 1 周后可代替全部粗饲料。

②尿素氨化法：即利用尿素做氮源，采用堆垛或氨化池等方式进行。

采用氨化池时需提前砌好池子并用水泥抹好；采用地面堆垛法时，首先选择一块平坦的场地，并在准备堆垛处铺好塑料布；将风干的秸秆用铡草机或粉碎机铡短或粉碎，称重；称取秸秆重量 3%～5% 的尿素，用少量温水溶化（每 100 千克风干秸秆用水 40～50 千克），配成尿素溶液；将上述尿素溶液均匀地喷洒于秸秆中，然后装入氨化池或堆垛、压实，最后用塑料膜密封，四周用土封严，以确保不漏气；开封时间，依据外界气温而定，具体参考表 2。

表 2　不同温度情况下秸秆氨化的时间

气温	低于 5℃	5～15℃	15～30℃	30℃以上
氨化天数	不氨化	30～50 天	10～30 天	7～10 天

（4）微贮。它依靠人工筛选、培育出的微生物对作物秸秆或低质饲草进行发酵，从而提高秸秆的饲用价值。

①方法。用微生物储藏秸秆的方法有两种，一种是盐贮法；另一种是添加生物活性剂法。

盐贮法：添加食盐量占秸秆贮量的 1%，再加入适量的水，压实封严。

添加生物活性剂法：是在盐贮的基础上，添加细菌制剂和酶制剂。细菌制剂一般都以乳酸菌为主，所选用的酶制剂应含有纤维素分解酶和半纤维素分解酶等，酶制剂可把部分纤维素和半纤维素分解为糖，供给乳酸菌更多的发酵底物。

②操作流程。麦秸、豆秸或风干玉米秸用于微贮时，最好粉碎后微贮。青玉米秸则应切成长 2 厘米左右为宜，切碎和粉碎有利于压实，便于空气排出。储存时，按照说明先使秸秆发酵活干菌复活，再根据处理秸秆的用菌量及需水量，将复活好的菌剂加入到浓度为 1%的盐水中，混合均匀。储存时先在窖内铺放约 15 厘米厚的秸秆，然后均匀洒入菌液，当秸秆含水量达到要求时，压实。这样一层一层直到储存秸秆高出窖口 30 厘米以上，压实，并以塑料薄膜覆盖。当外界气温在 20℃左右时，贮后 5 周即可开窖饲喂。

67. 农区发展舍饲秸秆养羊最易发生的问题是什么？怎样克服？

(1)饲养密度太大。会造成运动不足，并且相互拥挤和干扰，严重的会引发流产。

(2)抗病力下降。秸秆舍饲养羊，使羊只吃不到青草、青贮等，非常容易出现维生素 A、维生素 E 的缺乏。缺乏维生素 A 时，极易发生细菌感染，发生眼病和蹄病，公羊性欲减退和精液品质下降，母羊出现持续发情、流产、不孕、难产和胎衣不下等现象。维生素 E 仅含于青草和优质青贮中，并极易在晒制和贮存过程中遭受破坏，因此羊长期以秸秆为主饲养时抗病力大大降低，甚至发生白肌病。

(3)矿物质缺乏。秸秆舍饲绒毛用羊，会造成羊只舔到矿物质含量丰富碱土的机会减少，极易发生某些矿物质的缺乏，从而影响其代谢、生长发育，甚至繁殖出现问题。

为了克服上述问题，必须制定科学的饲养管理制度。在配合日粮时一定要满足羊只对维生素 A 和维生素 E 以及矿物质、微量元素的需要量，羊舍布局合理，饲喂方法科学。

68. 常见的优质高产牧草有哪些？

(1)紫花苜蓿。多年生豆科牧草，抗逆性强，适应范围广，能生长在多种类型的气候、土壤环境下。性喜干燥、温暖、多晴天、少雨天的气候和高燥、疏松、排水良好，富含钙质的土壤。最适气温25～30℃。紫花苜蓿适应在中性至微碱性土壤上种植，不适应强酸、强碱性土壤，最适土壤 pH 为 7～8，土壤含可溶性盐在 0.3%以下就能生长。在海拔 2700 米以下，无霜期 100 天以上，全年≥10℃，积温 1 700℃以上，年平均气温 4℃以上的地区都是紫花苜蓿宜植区。紫花苜蓿的营养价值很高，维生素、粗蛋白质和矿物质含量很丰富。一般含粗蛋白质 15%～20%，相当于豆饼，比玉米高 1～1.5 倍，赖氨酸含量 1.05%～1.38%，比玉米高 4 倍。

紫花苜蓿生长年限长，年刈割利用次数多。田间管理时应注意：

①2 龄以上的苜蓿地，每年春季萌生前，清理田间留茬，并进行耕地保墒，秋季最后一次刈割和收种后，要松土追肥。每次刈割后也要耙地追肥，灌区结合灌水追肥，入冬时要灌足冬水。

②播种当年，在生长季结束前，刈割利用一次，植株高度达不到利用程度时，要留苗过冬，冬季严禁放牧。

③苗期生长十分缓慢，易受杂草危害，要中耕除草 1～2 次。

④播种后，出苗前，如遇雨土壤板结，要及时除板结层，以利出苗。

⑤刈割留茬高度 3～5 厘米，但干旱和寒冷地区秋季最后一次刈割留茬高度应为 7～8 厘米，以保持根部养分和利于冬季积雪，对越冬和春季萌生有良好的作用。

⑥秋季最后一次刈割应在生长季结束前 20～30 天结束，过迟不利于植株根部和根茎部营养物质积累。

⑦病虫害较多，常见病害有霜霉病、锈病、褐斑病等，可用波尔多液，石硫合剂，托布津等防治。虫害有蚜虫、浮尘子、金龟子等，可用乐果、敌百虫等药防治。一经发现病虫害露头，即行刈割喂畜为宜。

(2)沙打旺。是可用于改良荒山和固沙的优良牧草。野生种，主要分布在苏联西伯利亚和美洲北部，以及中国东北、西北、华北和西南地区。沙打旺对气候适应性很强，根系发达，抗旱力极强。耐盐碱，耐瘠薄，能生长在瘠薄的退化碱性草地上。在连续70天无雨，植物大部分被旱死的情况下，仍茎叶青绿。沙打旺适应性强、产草量高，是饲用、固沙、水土保持的优良牧草。沙打旺喜温暖气候，在20～25℃温度下生长最快，适宜在年平均温度8～15℃的地区生长；沙打旺顾名思义，具有很强的抗风沙的能力。沙打旺长势强，第2年后，每年可割2～3次。播种1次可连续生长4～5年或更长时间。播种方式可采用条播、撒播，较大面积的可用手摇播种机播种，千顷以上的连片草山、草坡、沙荒可用飞机播种。沙打旺牧草营养丰富，粗蛋白质含量高，与苜蓿相似，是一种营养价值较高的牧草。

(3)苏丹草。是禾本科高粱属一年生草本植物。原产非洲北部苏丹地区，故名。目前，是世界各国栽培最普遍的一年生禾本科牧草。我国引种已有几十年的历史，在各地均有栽培并生长良好，是一种很有价值的高产优质青饲作物。

苏丹草抗旱能力强，根系发达，干旱季节如果地上部分因刈割或放牧而停止生长，雨后很快复生。但雨量过多或土壤过分潮湿也属不利，容易遭受各种病害，特别是易感染锈病。

苏丹草对土壤要求不高，无论沙壤土、黏重土、酸性土壤或盐碱土，均可栽培，但过于瘠薄的土壤也不利于生长，如在沙土上虽然也可以栽培，但产量很低。

温度条件是决定苏丹草分布地域与产量高低的主要因素。种子发芽最适温度为20～30℃，最低温度为10～12℃，在适宜条件下，播种后4～5天即可出苗，7～8天达到全苗，气温低墒情差时，出苗较慢，一般要半个月左右才能全苗。苏丹草苗期生长缓慢，对低温非常敏感，当气温下降至2～3℃时即受冻害，但已长成的植株，具有一定抗寒能力。

直接青饲效果也较好，柔软的茎叶也可制作青贮饲料和晒制干草。但幼苗含有氢氰酸,饲喂前要防止氢氰酸中毒。随着生长,氢氰酸含量减少,刈割后稍加晾晒,一般不会发生中毒。苏丹草一年可刈割3～4次,一般每公顷产40～45吨,高产可达75吨。刈割后再生草可放牧利用。

(4)鲁梅克斯K-1。适口性好,无毒无害,所有家畜、家禽、鱼类均可饲喂,牧草收割后可直接切碎,打浆饲喂或干制后粉碎饲喂。牧草营养成分为:粗蛋白质30%,脂肪3.17%,粗纤维17.52%,无氮浸出物22.95%,灰分8.52%,另含17种以上氨基酸,还含有有机硒、有机铁等微量元素。高产期8～10年,生长期15年。种子千粒重3克,外形呈三棱椭圆形,黑棕色,根深1.5米,亩产鲜草15吨以上,是发展养殖业的优质饲料。

播种时间:春播以3～5月为好,秋播以8月下旬至9月下旬为宜。发芽温度为10～15℃,适宜生长温度为15～20℃。

管理:留种田,由于植株高,为防止风刮倒,应进行培土,一般垄高10～20厘米。干旱时,为提高产草量和产种量,应常灌水,保持土壤湿润。育苗期要及时除草。

收割:播种当年可收割1～2次,但最后长出的牧草在霜冻之前不要收割,以利于牧草根部安全越冬,需产种子的牧草也不要收割,该牧草一般在第二年5月开花结籽,6月籽粒成熟后可立即收获种子,亩产种70～100千克,收种子后,每亩可收获干草2 300千克。气候干旱时,种子收获后再长出的牧草一般不要再刈割利用,若土地水肥充足,还可再刈割1～2次,每次收割后要留茬5～7厘米。

69.如何加工调制与利用青干草?

伏草:从7月上旬到8月上旬大约1个月,牧草处于开花期,这时调制的干草称“伏草”。

秋草:从8月中旬到9月下旬(下霜之前)约50天,于结实期或种子成熟期,这时调制的干草称“秋草”。

霜黄草：从 10 月上旬到 11 月上旬或中旬，大约 1 个多月，对牧草开始收割，但植株茎部仍保持绿色，称“霜黄草”。

青绿饲料的含水量一般为 65％～85％，需要降低到 15％～20％，才能抑制植物酶和微生物酶的活性，以达到贮备干草的目的。贮备干草的方法有人工干燥法、田间干燥法和干草块法。

(1)人工干燥法。其方法是将鲜草置于 45～50℃室内停放几小时，水分降至 10.5％～12％，或在 500～1 000℃温度下干燥 6 秒，水分可降至 10％～12％。这种干燥方法可保存干草 90％～95％的养分。

(2)田间干燥法。因牧草含水量降至 38％时，植物酶和微生物酶对养分的分解才减慢。所以，牧草刈割后，即采用薄层平铺曝晒 4～5 小时，使水分迅速降至 38％。当水分降至 38％后，仍继续蒸发，但速度减慢，可采用小堆晒干。为了提高干燥速度，可用压扁机把牧草压扁、破碎。有条件还可利用田间机械快速干燥。在调制干草过程中，应尽量避免营养丰富的叶片脱落。我国一般以堆垛形式贮藏干草。堆垛的地点选择在地势高燥、易于排水的地方。垛底垫有树枝或石头。堆垛后盖好垛顶，垛顶的斜度大于 45°。

(3)干草块。当牧草水分干燥至 15％左右时，用干草制块机制作干草块。通常每块重 45～50 千克。其形状有砖块状、柱状和饼状等。干草块的特点是保存养分性能好，单位体积重量大，在通风良好的情况下，可贮存 6 个月，可作为肉羊的基础饲料。

70. 如何晒制干草？

冬春季节青草较为缺乏，特别是北方地区尤为突出。因此，需调制青干草以备青绿饲料缺乏季节饲用，同时也便于贮运。

原料要适时收割豆科牧草在始花期到盛花期收割，禾本科牧草在抽穗期到开花期收割为宜，这时营养价值高，粗纤维含量低。收割后的青饲料要迅速排出水分，抑制植物的酶活性和呼吸作用以及微生物的生长繁殖，以保持饲料的营养价值，防止饲料腐烂霉变。优质干草含粗蛋白质可达10%以上。

干草调制方法有自然干燥法和人工干燥法两类。人工干燥可以减少牧草自然干燥过程中营养物质的损失,使牧草保持较高的营养价值,但需要干燥设备。晒制高质量的干草在实际生产中以自然干燥法较为常用,自然干燥又可分为田间干燥和草架干燥。

田间干燥法:对刚割下的青草,应及时进行短时间的曝晒,以便能更多地保存青草中的养分。方法是首先将青草薄层平铺在地面上,并及时翻晒。如天气晴朗,经过4～5小时,当草的含水量下降到50%左右时,即可堆成小堆。在堆垛时,不可过厚,一般可堆成高1米、直径1.5米的草堆,让其逐渐风干。这样,再经过2～3天,当水分下降到15%左右时,即可选择地势较高用水良好而又通风的地方上垛。如遇阴雨或恶劣天气,可在小堆上盖上草苫或塑料布,以防雨水冲淋。待天气晴朗时,再进行倒堆翻晒,直到晒干为止。

草架晒草法:草架的形式有独木架、棚架、长架等,可用木棍或金属制成。但不管用哪种材料做架,均以轻便、坚固并能迁拆为好。在架上晾晒的青草,要堆成圆锥形或屋脊形,并要堆得松些,厚度70～80米,离开地面20～30厘米。堆与堆中应留出通道,以利空气流通,加速干燥。架上晒草较地面曝晒,可减少5%～10%的养分损失,但需用一定的材料。

71.毛用羊的种公羊在管理方面应注意哪些问题?

(1)防疫。定期健康检查,发现疫情及时上报,常规病及时发现及时治疗,效果不明显及时上报;及时保质保量搞好防检疫和驱虫药浴。

(2)日常管理。按饲养标准配合饲料饲喂种羊;保持饲草饲料清洁、卫生、严禁喂给霉烂变质饲草饲料;喂养要定时定量,每月一日称一次体重,做好记录;要坚持专人管理,限群放牧,适时修蹄;保持圈舍安静、严禁粗暴管理种公羊。

(3)饲养。

非配种期:夏秋季除放牧外,日补给混合精料 0.5 千克。冬春季放牧外,日补给混合精料 0.5～0.75 千克,适量优质青干草和青贮料。日补食盐 5～10 克,日饮水 1～2 次。

配种前期:在配种开始前一个半月,日给混合料按配种期数量的 60%～70%喂给,逐步增加到配种期标准,日给食盐 5～10 克(或自由舔食)。有条件可给胡萝卜 0.5 千克/天,日补精料 2～3 次,饮水 1～2 次。

配种期:放牧场草生长不好,应补喂充足的优质牧草,日给混合料 1.0～1.5 千克,食盐 15 克左右(或自由舔食)。有条件可给 0.5～1.0 千克春萝卜。日补喂精料 2～3 次,饮水 3～4 次,及时做好公羊配种利用记录。

(4)采精。参加配种的公羊,应在配种开始前 1～1.5 个月开始采精,检查精液品质,开始每周采 1～2 次。配种期成年公羊日可采精 3～4 次,采精次数多的每次间隔不少于 2 小时。连续两次采精间隔时间为 5～10 分钟。连续采精 7～8 天,种公羊应休息 1 天。

72.毛用羊母羊的羔期如何进行培育?

母羔羊的选育是为了给全群羊提供优质繁殖母羊的首要工作,只要做好羔羊的选育工作,才能奠定全群羊的优良基础。

选择培育繁殖羊要从好的品种的下一代开始。计划本年度留多少母羔羊,然后从中挑选出一部分好的进入繁殖群体。一般预选比例为 150%～200%,从培养过程中观察和精心挑选,把比较差的筛选出来,推出预选群体,进入育肥群。初选入的羔羊,从哺乳期就要加强培育,给奶羔母羊加强饲草补贴,提供母羊泌乳条件。一般这种母羊奶水都很旺,以后羔羊遗传也是如此。

组群羔羊数量在 100～150 只。是逐步由产羔室、育羔室过渡而组成的,日龄在 10～15 天以上。这些羔羊体质健壮,已开始吃草、吃料。采取定时哺乳的方法，每天哺乳由5次随着日龄增长逐渐降至4次、3次、2次、1次，直至断乳。这样即可增加羔羊对草料的采食量，也可以减少羊毛球的发病率和减少母羊乳腺炎的发生。

羔羊出生25～30天，就要训练吃料。饲养员把豆子炒热加工成细渣，喂料时用热水泡2小时或者把料渣用锅煮熟。把羔羊抱起来放在怀里，用右手抓些泡好的料，左手用指头撮住羔羊嘴的两旁。羔羊的嘴自然张开。右手把料敷在羔羊嘴上，用手把嘴堵上，羔羊嘴里有料，主动进行嚼动。羔羊只要吃到料香，自己就开始找料吃。羔羊初学吃料，少喂点就可以了，料吃得多了消化不掉，肚子胀。羔羊吃料6～10天，逐渐增加料量。但必须要分组喂料，便于观察、掌握每个羔羊的吃料情况。羔羊出生60天后，要控制母乳，每日一半母乳，一半饲料。羔羊和哺乳母羊分开喂养，每天母乳3次，吃完奶后就分开，这样对大羊也是很好的保护。让羔羊养成有规律的习惯，逐渐靠饲草料喂养。

培育繁殖母羊的羔羊，母奶不宜断得太早，必须要吃足母乳，体格发育才能健壮。到断奶期要训练断奶，由每日3次哺乳减成2次。过6～10天再减成每日1次。母羊的奶水逐渐少了，然后就可以停奶。这样对母羊和羔羊都不会有大的影响。初断奶的羔羊，特别要注意日食量，必须控制。不能超定量喂料，只为七八成饱就可以了，让羔羊每顿吃完还想吃，吃后不能剩下料。断奶后，要注意训练羔羊的习惯，首先训练喂草料规律。

73. 毛用羊公羊的羔期如何进行培育？

毛用羊公羊的好坏决定全群羊的质量。毛用羊公羊的羔期除了吃好母乳外，饲草料的喂养、管理、习性培育都很重要。

饲料配比，首先考虑促进体格发育的饲料配伍及生长期各龄段的饲料合理调整，使种公羊能体格发育健全，符合种公羊体型标准。从羔羊期就训练单独喂养习惯。从断奶开始就养成单独喂草料，定量喂草料，而且种公羊的习惯是吃草料快，有规律。喂完草料，单独圈起来，少和其他羊见面，特别是出生 6 个月后发情期已到的小公羊。

每个羊的性成熟期不尽相同。小公羊的性成熟一般在 6 月龄左右。主要原因在饲料的营养与饲养管理等方面。羔公羊在哺乳期和饲料喂养期，对羊体格发育的影响，受季节及气候等条件制约，形成公羊的性成熟的早晚。

74.毛用羊羯羊的羔期如何进行培育？

产毛羯羊的羔期从母系族群体挑选，是选育毛用羊的一个规律。毛用羊的羯羊是全群羊主要产毛羊群体，一个羊群，产毛量多少和平均产毛量的高低，主要看养的大羯羊有多少。羊群适龄产毛羯羊能占到 30％，这个羊群的产毛量就自然要高。

好母羊产下的小公羔羊，不能留成种公羊，就选入产毛羯羊群。选择的条件是，产羔母羊体格好，产毛多，“母壮儿优”，母羊产多少毛，决定下代羔羊能否进入产毛羯羊群。从母系族的优良品种上选择羯羊，是牧民们多年总结出来的经验。选为产毛羯羊从小培育很重要。羯羊的体格要大，质量相对也要好。在羯羊的生长期，配料主要以生长发育为主要目的。

退牧还草的大环境下以草定畜，限制牲畜头数，舍饲养殖的羊，受成本控制只能饲养高效益的品种。把体格大，长相好，产毛多的羔羊选成产毛羯羊，选成产毛羯羊的小羔羊要提前去势，要训练合群习性。大羯羊喜欢单独行走采食，这种习惯给放牧带来麻烦。羊四处乱跑或者是大羯羊领上一部分羊单独跑掉、丢失。羔羊期训练羯羊的合群性是很重要的。牧民们把偷跑的羊叫“贼羊”，它经常会带领一群羊跑掉，这种羊要有意识地提前处理掉。挑选好的大羯羊全是体健的羊，一般不会生病，但是这种羊喜欢顶斗互相伤害，另外，吃了毒草，在春季初吃青草容易患疾病。发现有病羊要退出高产毛羊群体。

羔羊留成产毛羯羊，在断奶期间就要加强给优质饲料喂养，使其增长体格。留成产毛羯羊的羔羊，在生长期不宜喂得过肥。

75. 毛用母羊饲养管理注意事项有哪些？

毛用母羊要根据空怀、妊娠、哺乳这三个不同时期进行科学饲养管理。

(1)空怀期。一般是3个月，产春羔的8～10月为空怀期，产冬羔的，6～8月为空怀期。这个时期母羊已停止泌乳，是恢复体况、准备下次妊娠的时期。应把母羊放到最好的牧地上放牧，必要时应补给适量的精料，施行短期优饲，促进母羊发情和排卵。

(2)妊娠期。一般为5个月，这个时期母羊除维持本身所需的营养外还需供给胎儿生长的营养，所以要供给足量的蛋白质、维生素和矿物质。在妊娠后期，大部分处在寒冷枯草的时候，要补草、补料。注意不能饲喂腐败、发霉、变质或霜冻饲草饲料，还要保证一定的运动，但要避免因运动过量而流产。

(3)哺乳期。一般为4个月，母羊奶水的充足与否直接影响羔羊的生长发育、抗病力和成活率。所以在这个时期应增喂营养价值高的饲料，保证充足饮水和补盐；同时要经常检查乳房，并根据泌乳情况及时调整饲料喂量。当羔羊能独立采食草料时，要减少母羊的精料喂量，断奶前7～10天停喂精料和块根饲料。

76. 毛用羔羊哺乳期和育成期饲养管理的注意事项有哪些？

羔羊饲养管理的好坏与羊终生的生长发育和生产性能的高低关系很大，加强饲养管理，对提高羔羊成活率，提高羊群品质有重要作用。因此，必须高度重视羔羊的饲养管理。

(1)哺乳期。哺乳期是指从出生到断奶这一阶段，羔羊的哺乳期一般为2～4个月。羔羊是羊一生中生长发育最快的时期，在4个月内体重增长7～8倍。羔羊适应性差，抗病力弱，消化机能发育不完全。不同的日粮类型、营养水平、管理方法、对它的生长发育、体质类型影响很大，因此，这一阶段的哺乳和护理工作非常重要。

(2)育成期。羔羊在3～4月龄时的断奶,到第一次交配这个年龄叫育成羊。断奶后的育成羊在最初几个月营养条件良好时,每日可增重150克以上,每日需要风干饲料在0.7～1.0千克,月龄越长,则根据其日增重及其体重对饲料的需要也应适当增加。预期增重是育成羊发育完善程度的标志。在饲养上必须注意增重这一指标,按月固定抽测体重,借以检查全群的发育情况。称重需在早晨未饲喂或出牧前进行。断奶后的育成羊,正处在早期发育阶段,不要同时断料,在出牧后仍可继续进行补料。严冬舍饲期较长,需要补充大量营养,应以补饲为主,放牧为辅。要做好饲料安排,合理补饲,喂给最好的豆科草、青干草、青贮及其他农副产品。

77.毛用羊的饲养特点有哪些?

(1)日粮的特殊要求。毛用羊的硫代谢水平高,需硫量大于其他家畜,日粮中干物质中氮硫比例以(5～10)∶1为宜。因此,在喂尿素的同时,可日补硫酸钠10克,使之占日粮干物质总量的0.245%,这样不仅可有效地提高产毛量、羊毛长度和强度,而且对防止羊肠毒血症引起羊只死亡还有一定效果。在毛囊发生的角质化过程中,有机硫是一种重要的刺激素,含量多则不但产毛量增多,而且弹性和手感也愈好。缺铜容易造成羊贫血,产毛量和毛质也将下降,因此缺铜地区要注意补铜。

(2)毛用羊饲养应保持全年营养均衡。从羊毛全年生长特点和规律来看,细毛羊的羊毛全年连续性生长,没有季节性脱毛现象,要求全年营养物质的供应基本均衡,才能适应羊毛生长的需要。否则就会影响某一时期羊毛纤维的生长速度,造成羊毛纤维细度不匀,降低使用价值。我国的毛用羊主要为放牧饲养,羊毛的生长和产毛量受草场条件的影响较大。如种公羊全年饲养比较均衡,各月份羊毛生长速度基本一致,因此种公羊羊毛品质较好,对于母羊,由于越冬环境因素以及妊娠期和哺乳期营养消耗大,又缺乏营养补充，因而母羊的羊毛品质较差，粗细不匀。

(3)毛囊的发育及毛纤维的形成速度与饲养条件关系极为密切。毛纤维是由毛囊原始体所形成，毛囊原始体从胎儿50～55日龄开始发生，到羔羊出生14天发育成熟的毛囊数达到高峰。可见羔羊出生后半个月左右是皮肤内毛纤维发育最快的时期。如果这个时期羔羊获得营养不足，就会影响毛纤维的生长，从而使毛被密度和产毛量下降。毛用羔羊在生后第1周内毛囊发育较慢，第2周则发育强烈并形成毛纤维，到第1个月末，在良好的饲养条件下有70％～80％发育成毛纤维，在丰富的饲养条件下，羔羊毛纤维的发育通常要推迟到生后5月龄或更长时间才停止。

78.为什么毛用羊圈养好处多?

(1)防治疾病传播。由于羊群之间不接触，感染传染病的机会少。饮用清洁水，体内和体外寄生虫病发生少。

(2)提供有机肥料。圈养绒山羊能充分利用作物秸秆，过腹还田，能积攒大量农家肥，为农业生产提供大量的有机肥料。

(3)保护生态环境，解决林牧矛盾。放养绒山羊对植被破坏较大。圈养羊从根本上解决了林牧矛盾，利于保护生态环境。

(4)利于羔羊管理。由于圈养羊体况好，发情比较集中，产羔期集中，产羔率高，易于管理，有利于羔羊生长。

(5)利于羊的安全。放牧羊由于接触果树、田边喷洒过农药的树叶、杂草等，易发生农药中毒。圈养羊则可以避免这种现象。

(6)产绒量高、绒质好。放养羊由于风吹日晒，绒毛发黄，杂质多，被灌木丛挂绒，绒质明显不如圈养羊。圈养绒山羊产绒量高、绒丝长、绒毛洁白无杂质。

(7)节约饲料、增膘快。圈养绒山羊由于消耗少，增膘快，平时饲喂牧草、草糠，在妊娠后期和配种期补喂少量精料，冬季枯草季节饲喂豆秆、地瓜蔓、玉米秸等，便可以满足羊的营养需要。

79. 如何给绒毛用羊去角?

羔羊一般在生后 7～10 天去角,对羊的损伤小。人工哺乳的羔羊,最好在学会吃奶后进行。有角的羔羊出生后,角蕾部呈漩涡状,触摸时有一较硬的凸起。去角时,先将角蕾部分的毛剪掉,剪的面积要稍大些。去角的方法主要有:

(1)烧烙去角法。将烙铁于炭火中烧至暗红后,对保定好的羔羊的角基部进行烧烙,烧烙的次数可多一些,但每次烧烙的时间不超过 1 分钟,当表层皮肤破坏,并伤及角质组织后可结束,对术部应进行消毒(图 42)。

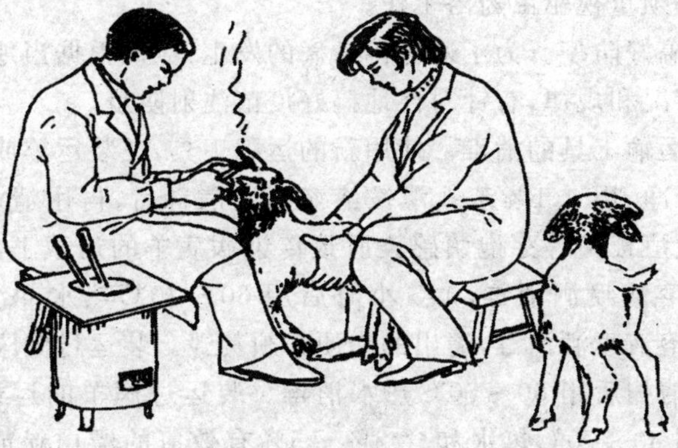

图 42 烧烙去角

(2)化学去角法。用棒状氢氧化钠在角基部摩擦,破坏其皮肤和角质组织。术前应在角基部周围涂抹一圈医用凡士林,防止碱液损伤其他部分的皮肤。操作时先重、后轻,将表皮擦至有血液浸出即可。摩擦面积要稍大于角基部。术后应将羔羊后肢适当捆住。由母羊哺乳的羔羊,在半天以内应与母羊隔离;哺乳时,也应尽量避免羔羊将碱液污染到母羊的乳房上而造成损伤。去角后,可给伤口撒上少量的消炎粉。

五、绒毛用羊的保健及疫病防治技术

80. 绒毛用羊羊场的一般卫生防疫措施有哪些？

(1)适时驱虫。绒毛用羊寄生虫病的发生非常普遍。病羊轻者生长迟缓、消瘦、生产性能严重下降，重者可危及生命，所以养羊过程中必须重视驱虫药浴工作。

(2)搞好防疫。为了避免传染病的发生，应该根据当地传染病发生的情况和规律，有针对性地搞好疫苗注射防疫。

(3)运输工具的消毒。使用新的运载工具，在装运羊或饲料前先清扫干净，用 0.1%苯扎溴铵溶液喷洒消毒后，再用清水冲净。装运过炭疽杆菌等芽孢菌感染所致传染病病羊的运载工具，先用 4%甲醛溶液喷洒消毒，0.5 小时后用 60～70℃热水冲洗，再用 4%甲醛溶液喷洒消毒，清出的粪便必须焚毁。装运过健康羊的运载工具，清扫后用 60～70℃热水消毒。装运过病羊的运载工具，清扫后用 60～70℃热水和含 2%～5%有效氯的漂白粉或 4%氢氧化钠溶液洗涤消毒，清出的污物和粪便须堆肥发酵。

(4)消毒室和消毒池工作要严谨。羊场大门入口处供车辆通行的道路上应设置消毒池，其宽度同大门，长为机动车辆车轮周长的 1.5～2.5 倍，深 10～15 厘米以上。消毒池内置浸有 4%氢氧化钠溶液的草垫，对过往车辆进行消毒，每周更换药液 1 次。

出入生产区的工作人员必须进行洗澡、消毒、更衣。羊场生产区入口处设置更衣室与消毒室，更衣室内安装淋浴设备，消毒室内设置消毒池和紫外线消毒灯。此外，工作人员进入或离开每一栋羊舍都要清洗双手、踏消毒池消毒鞋靴。人员行走的通道上设置消毒槽，内用草垫等物体做消毒垫，消毒垫以20%新鲜石灰乳或2%～4%氢氧化钠溶液或3%～5%甲酚皂溶液浸泡。当进入隔离舍和检疫室时，还要换上另外一套工作服和胶靴。

(5)各种用具的消毒。室内可移动的设施、器具应定期移出羊舍，经清洁冲洗、消毒药浸泡后，置于阳光下暴晒，然后移入舍内。食槽、饮水器等也可移出舍外暴晒，再用1%～2%漂白粉溶液、0.1%高锰酸钾溶液等浸泡或洗刷，也可用0.2%～0.5%过氧乙酸溶液浸泡2小时。对接触过病羊排泄物、血液、尸体、脏器等的所有器械、用具，则应进行彻底消毒处理。

(6)羊舍及运动场的消毒。羊舍除保持干燥、通风、冬暖夏凉外，平时还要做好消毒工作。每周消毒1次，每年春秋季各进行1次大消毒。产房的消毒应在产羔前进行1次，产羔高峰时多消毒几次，产羔结束后再消毒1次。羊全部出栏后，用消毒药从内到外、从上到下全面喷雾消毒1次，然后将可移动的设备、器具等移至舍外，再清除舍内粪便、垫草等污物并进行堆肥发酵或集中焚烧，用水冲洗棚舍、墙壁、地面和舍外墙壁、道路，待室内干燥后，选用3%～5%氢氧化钠水溶液，或10%～20%石灰乳、10%漂白粉、0.5%过氧乙酸溶液喷雾舍内所有非金属物品和空间，以及舍外道路、墙壁、门窗。消毒液的用量以羊舍内每平方米面积用1～2升药液计算。喷雾时雾滴要小，药液要喷到物体的各个部位，2～3小时后打开门窗通风，用水刷洗饲槽和用具，以除去药味和残留的消毒剂。空舍一段时间后，在羊入舍前2～3天，封闭门窗，再用甲醛溶液或甲醛溶液与高锰酸钾混合液熏蒸12～24小时，然后开门窗通风24小时。圈舍墙壁定期用石灰乳粉刷，地面潮湿泥泞时，可撒布一层草木灰，消毒后用新土垫平。土壤表面可用10%漂白粉溶液、10%氢氧化钠溶液或4%甲醛溶液进行消毒。

在病羊舍、隔离圈的出入口处放置浸有4%氢氧化钠溶液的麻袋片或草垫。被传染病病原体污染的场地，如为泥土地面，需深翻0.3～0.5米，撒布干漂白粉(用量为每平方米0.5千克)，然后以水泅湿、压平。对于停放过死于芽孢菌所致传染病（如炭疽）病羊尸体的场所，应严格消毒，先用10％漂白粉溶液喷洒地面，然后将表层土壤挖起30厘米以上，撒上干漂白粉与土混合，再将此表层土用密闭运输工具运出深埋。

对于运动场，先清除地面污物，再用10％～20％漂白粉溶液喷洒，或用火焰消毒，运动场围栏可用15％～20％的石灰乳涂刷。

（7）人员消毒。工作服、工作帽、工作鞋、口罩、手套等应保持清洁、定期消毒。消毒时可采用紫外线灯（15瓦）照射2小时以上，或者用有效消毒液如0.1％苯扎溴铵溶液浸泡2小时以上，棉织工作服也可用高压蒸汽消毒。与羊只接触的防疫员、兽医和养殖人员等用肥皂洗手，接触病羊后必须用0.1％苯扎溴铵溶液浸泡手5分钟。

（8）污水和粪便的消毒。a.污水消毒：将污水引入处理池，加入消毒剂进行消毒，用量视污水量而定，一般每升污水用2～5克漂白粉。b.粪便消毒：在一般情况下，羊粪最好采用生物消毒法使被病原体污染的粪便变为无害，还可做肥料使用。消毒时应在远离人、畜、房舍和水源300米以上，地面平整处挖一深坑，坑底垫稻草，放入粪便，再在上面放稻草或健康畜禽粪便，再加盖10厘米厚的草泥或土，经1～3个月发酵即可。采用这种方法可以杀灭大多数病原体，但是对炭疽等传染病病羊的粪便，必须焚烧或经有效的消毒剂处理后深埋。

81.如何给绒毛用羊药浴？

绒毛用羊药浴的目的主要为了防止虱子、蜱、疥癣等体外寄生虫病的发生，这些羊体外寄生虫病对养羊业危害很大，不仅造成脱毛损失，更主要是羊只感染后瘙痒不安，采食减少，逐渐消瘦，严重者造成死亡。

药浴的时间一般在剪毛后7～10天进行，药浴要选择晴朗天气，药浴前停止放牧半天，并供足水，防止羊因干渴而喝药水中毒。

常用的药浴药物有螨净、舒利保、30%烯虫磷乳油等。

常用药浴方法有池浴法、淋浴式药浴法和喷雾法。池浴法即在药浴池中进行,可根据羊只的多少建固定药浴池或临时药浴池,农区羊数较少时如无固定药浴池可设木槽药浴池、帆布药浴池或铁桶药浴池,能达到药浴的目的即可。淋浴式药浴法是由机械喷淋装置和地面建筑组成,药浴效果好,速度快,容易操作,省力,但建设淋浴式药浴装置一次投入相对较大。喷雾法即是将药液装在喷雾器内,对羊全身及羊舍进行喷雾。可省掉建药浴池的费用,比较方便,但缺点是容易造成药浴不完全。

82.绒毛用羊药浴时要注意哪些问题?

(1)怀孕 2 个月以上的母羊不能药浴。

(2)药液要淹没羊的全身,并要把羊头压入药液中 1～2 次。浴后在阳光下滴留 20 分钟。

(3)在浴前 8 小时停止其采食,在入浴前 2～3 小时让羊饮足水,以防羊进入浴池后误饮药水造成中毒。

(4)药浴时先让健康的羊药浴,然后才是有明显患寄生虫病的羊。

83.诊断疾病时,绒毛用羊的一般检查都需要做哪些项目?如何检查?

(1)天然孔检查。天然孔主要指肛门、鼻孔、口、眼及公羊的尿道外口和母羊的阴门。其主要检查内容包括:a.外观有无损伤。b.黏膜色泽有无异常。c.分泌物或排泄物的形态、色泽及气味有无异常。d.开张、松弛或紧闭状况有无异常。

(2)被毛及皮肤检查。

①触摸和观察皮肤的湿度、弹性、温度、颜色和感觉。角温热,鼻镜干而热,则表明发热,甚至龟裂或结痂。鼻镜干燥也是脱水的表现。检查弹性的方法是用手指提起绒毛用羊颈部的皮肤,捏成

皱褶，然后放开，如果羊健康，皱褶会很快复原。若皮肤患病或机体脱水，则迟迟不能复原。

②观察被毛是否整齐、光亮。被毛粗糙无光泽、不按季节脱毛、秃毛等都是病态的表现，常见于慢性病和皮肤疾病。

(3)可视黏膜检查。注意黏膜有无潮红、发绀、苍白、黄染，有无肿胀、出血、溃疡及分泌物等性状。还应注意口鼻腔有无异味。可视黏膜包括口腔黏膜、眼结膜和阴道黏膜。

①口腔检查。观察是否流涎、吐水，口中有无异常气味及病理变化。如患口蹄疫时，口舌黏膜上常有大小不等的水泡。

②检查眼结膜。依据以下情况予以判定：a. 发绀：常为病情严重或危急的征兆，多见于呼吸困难。b. 潮红：常见于发热性疾病，如肺炎、胃肠炎、流感、流行热等。c. 苍白：苍白多为大出血的表现，如肝、脾、胃、子宫、横膈膜、乳房等大血管破裂。d. 黄染：多见于牛血液寄生虫病、肝病等。

③阴道黏膜检查。阴道中流出脓性分泌物，多为子宫炎、阴道炎；如流出无色透明黏液、阴道黏膜潮红则可能为发情，其他颜色变化同于眼结膜。

(4)心脏检查。a. 听心率、心音：包括心音的强弱和心率的快慢。b. 听有无心率不齐：心音间隔或心音强弱不一致。

(5)体温检查。绒毛用羊的体温一般用测量直肠温度表示。a. 检查体温计是否完好。b. 将体温计的水银柱甩至 35℃ 以下。c. 用酒精棉球擦拭体温计，以达消毒和滑润的目的。d. 将羊保定好后，缓缓旋动着将体温计插入羊的肛门内，并固定好体温计。e. 让体温计在直肠内停留 3～5 分钟后取出读数。

(6)粪便检查。对用同一种饲料，在同样饲养管理条件下出现的粪便硬度不一或带血、带黏液等异常，可为诊断疾病提供重要的帮助。如排粪次数增加、粪稀则多为肠炎；粪便呈黑色松馏油状，则提示可能是患真胃溃疡；粪少且外有乳白色胶冻样物，则可能是患肠套叠或肠梗阻；排粪量少，排粪表现困难，则可能是便秘或其他原因引起的排粪障碍。

84.怎样给绒毛用羊进行驱虫?

根据羊群的实际情况选用相应的驱虫药,一般分春、秋两季进行。

(1)伊维菌素是一种驱虫新药,对羊体内外寄生虫有较好的防治效果。一般每30～50千克体重注射依维菌素注射液1毫升。

(2)常用硝氯酚防治肝片吸虫。内服每千克体重3～4毫克,皮下注射每千克体重1～2毫克。

(3)一般多用盐酸左旋咪唑防治肠道线虫。口服每千克体重8～10毫克,肌肉注射每千克体重7.5毫克。这种驱虫,应在首次用药后2～3周再用药一次。

(4)可用0.1%～0.5%的敌百虫水溶液进行喷洒或药浴来防治羊虱。

85.如何预防绒毛用羊疾病?

(1)消毒。为防止细菌、病毒的滋生和传播,每天要清扫圈舍内的粪便及污物,并堆积发酵。羊舍和用具每周应用百毒杀消毒剂或威岛消毒剂消毒一次,羊舍和运动场地面每半月用2%～4%的火碱溶液消毒一次。

(2)提高抵抗力。为提高羊的抗病力,要保证供给羊充足的营养物质,合理搭配日粮,每天早晚各喂精料一次,成年羊每只0.2～0.5千克。喂料要做到定时定量,防止营养物质过量或缺乏。严禁喂有毒、霉变以及污染的饲料。要及时给足清洁的饮水。

(3)做好防疫。免疫注射是预防和控制羊病的重要措施。目前用于羊的传染病的疫苗很多,应根据各种疫苗的特性和本地的发病情况,合理安排免疫注射的次数和时间。

(4)定期驱虫。羊的寄生虫是生产中较为常见和危害特别严重的疾病,患病轻者体弱消瘦,生长受阻,重者可造成大批死亡。

因此,必须定期驱虫。体内寄生虫每年春秋两季用丙硫咪唑和阿维菌素驱虫,体外寄生虫用1%的敌百虫溶液涂擦或用0.05%的辛硫磷溶液进行药浴。

86.如何预防绒毛用羊中毒?

(1)饲草料方面。要把饲料贮存在干燥通风的地方,饲喂前要仔细检查,如果发霉变质应废弃不用。有些饲料本身含有有毒物质,饲喂时必须加以调制。如棉籽饼经高温处理后可减毒,减毒后再按一定比例同其他饲料混合搭配饲喂,就不会发生中毒。有些饲料如马铃薯若贮藏不当,其中的有毒物质会大大增加,对羊有害,因此应贮存在避光的地方,防止变青发芽;饲喂时也要同其他饲料按一定比例搭配。为了避免野草中毒,要调查毒草的分布、铲除毒草。

(2)农药和化肥方面。要放在仓库内,专人保管;被农药或化肥污染的用具或容器应消毒处理后再用;对其他有毒药品如灭鼠药等的运输、保管及使用也必须严格,以免羊接触发生中毒事故。对喷洒过农药和施有化肥的农田排水,不应作饮用水。

87.怎样防止绒毛用羊传染病蔓延?

(1)检疫要严格。从外地引进种羊或羔羊,必须了解产地的疫情和饲养管理情况,产地检疫或运输检疫手续齐全。进场后必须隔离观察饲养30～40天;定期采血抽样进行抗体检测,根据抗体水平高低及时调整免疫程序;平日经常巡查羊群的睡卧、采食、活动等情况,看是否有异常表现。

(2)实施隔离。设立屏障,有条件的在周围设防疫沟或防疫隔离带。在第一屏障内,包括有生产区和生活区,生产区与生活区之间设第二屏障。每道屏障都有人把关,必须有消毒池。场外运输车辆不能进入生产区。兽医室、病死羊处理场、粪便处理池应设在下风处。

(3)免疫要确实。使用经国家批准生产或已注册的疫苗,并做好疫苗管理,按照疫苗保存条件进行贮存和运输;免疫接种时应按照疫苗产品说明书要求规范操作,并对废弃物进行无害化处理;免疫过程中要做好各方面消毒,同时要做到“一羊一针头”,防止交叉感染;经免疫监测,免疫抗体合格率达不到规定要求时,尽快实施一次加强免疫;当发生动物疫情时,应对受威胁的羊进行紧急免疫。

(4)处理妥当。国家对强制扑杀的发病动物和同群动物、实行政府补偿制度。国家对重大动物疫情的处置是实施封锁、隔离、消毒、扑杀、紧急免疫等综合性措施。对病死畜禽实行“四不一处理”的办法,即:不准宰杀、不准食用、不准出售、不准转运,必须无害化处理。

88.绒毛用羊的给药途径有哪些?

(1)口服。常用的口服给药方法有药板给药法、自行采食法和长颈瓶给药法等。口服给药简便,可发挥药物在胃肠道的作用。应在饲喂前服用的药物有苦味健胃药、收敛止泻药、胃肠解痉药等;应空腹或半空腹服用的药物有驱虫药、盐类泻药等。

(2)灌肠。灌肠给药是将药物配成液体,直接灌入直肠内。羊可用小橡皮管灌肠。先将直肠内的粪便清除,然后在橡皮管前端涂上凡士林,插入直肠内,使橡皮管内盛药部分高于羊的背部。灌肠完毕后,拔出橡皮管,用手压住羊的肛门或拍打尾根部,以防药物排出。灌肠药液的温度,应与体温一致。

(3)注射。

①静脉注射。将药物直接注入体表明显的静脉中,起效最快,适用于急救、注射量大或刺激性强的药物。但危险性也大,可能会迅速出现剧烈的不良反应。混悬液等易引起溶血或凝血的物质不可静脉注射。静脉滴注是将药物缓慢输入静脉,并用滴数计速。一般大量补给体液时,或使用作用强烈的药物时常采用此法。

②肌肉注射。将药物注入肌肉中,吸收速度比皮下快,一般经5～10分钟即可出现药效。油剂、混悬剂也可肌肉注射,刺激性较大的药物,可注于肌肉深部,药量大的应分点注射。

③皮下注射。将药物注入颈部或股内侧皮下疏松结缔组织中,经毛细血管吸收,一般10～15分钟后出现药效;刺激性药物及油类药物不宜皮下注射。

(4)投胃管。a.经鼻腔插入,将胃管插入鼻孔,沿下鼻道慢慢向下送,到达咽部时,有阻挡感觉,待羊进行吞咽动作时趁机送入食道;如不吞咽,可轻轻来回抽动胃管,诱发吞咽。胃管通过咽部后,如进入食道后,继续深送感到稍有阻力时,要向胃管内用力吹气,或用橡皮球打气,如见羊的左侧颈沟有起伏,表示胃管已进入食道。如胃管误入气管,多数羊会表现不安,咳嗽,继续深送毫无阻力,向胃管内吹气,左侧颈沟看不见波动,用手在左侧颈沟胸腔入口处摸不到胃管。同时,胃管末端有与呼吸一致的气流出现。如胃管已经进入食道,继续深送,即可到达胃内,此时从胃管内排出酸臭气体,将胃管放低时则流出胃内容物。b.经口腔插入。先装好木质开口器,用绳固定在羊头部,将胃管通过木质开口器的中间孔,直插入咽部,借吞咽动作胃管可顺利进入食道,继续深送,胃管即可到达胃内。

胃管插入正确后,即可接上漏斗灌药。药液灌完后,再灌少量清水,然后取掉漏斗,用嘴吹气,或用橡皮球打气,使胃管内残留的液体完全入胃,用拇指堵住胃管口,或折叠胃管,慢慢抽出。

89.绒毛用羊普通病如何防治?

普通病很多,现将常发的疾病防治介绍如下。

(1)瘤胃鼓气。绒毛用羊瘤胃鼓气症状是羊吃了大量易发酵的多汁牧草,或偷吃了大量精料后又大量饮水,或上午放牧太早以致羊吃了“露水草”后,胃内饲料发酵,迅速产生大量气体而导致的疾病。此病多发生于春末夏初放牧的羊群。初期,病羊表现不安,回顾腹部，弓背伸腰，肷窝突起，有时左肷向外突出高于髋节或背中线；反刍和嗳气停止。腹部紧张；叩诊，呈鼓音；听诊，瘤胃蠕动音减弱。

治疗方法：插入胃导管放气，缓解腹压；或用5%的碳酸氢钠溶液1 500毫升洗胃，以排出气体及胃内容物；或用陈板猪油（俗称隔年猪墙油）治疗，既方便经济，又比灌药方式安全。具体用法如下：用一块菜叶包少许猪油，约蛋黄大小，备用。一人协助将羊保定，投喂者左手食、中二指从羊的右口角伸入口腔轻压其舌，羊口自张，同时右手将包有猪油的菜团填入羊口中。为了不让羊吐出，尽量往里送，送后手要立即抽出，以免因羊咀嚼咬伤手。若是羔羊，因其体小喉细，可适当掌握剂量。对重症羊可适当多填些，一般投喂后30分钟左右即可好转。

（2）食道阻塞。绒毛用羊食道阻塞症状是一旦阻塞，病羊采食停止，头颈伸直，伴有吞咽和作呕动作；口腔流涎，骚动不安；或异物吸入气管，引起咳嗽。颈部食道阻塞时，局部突起，形成肿块；当阻塞发生在胸部食道时病畜明显疼痛，可继发瘤胃鼓气。

预防措施是防止羊偷食未加工的块状饲料；补充无机盐，防止异嗜癖。

治疗方法：

①直接掏取法。咽或咽后阻塞时，可保护好病羊，装上开口器，用手直接掏取或用铁丝套取。

②破碎法。当阻塞物易碎、表面圆滑且阻塞在颈部食道时。可在阻塞物两侧垫上布鞋底，将一侧固定，在另一侧用木锤敲打，使其破碎，咽入瘤胃。

③润滑结合胃管探送法。胃喷门部阻塞时，可先将2%普鲁卡因溶液5毫升、石蜡油30毫升混合，用胃管送至阻塞物部位，然后再用硬质胃管推送阻塞物进入瘤胃。

④手术法。当锐利异物阻塞于食道，其他方法不能取出时，可切开食道，取出异物。

(3)口炎。绒毛用羊口炎症状是口腔黏膜或深层组织的炎症。以流涎及口腔黏膜潮红、肿胀、有时伴有大小不等的水疱，甚至发生糜烂、坏死和溃疡、口臭为特征。

预防措施是主要在于合理调制饲料，防止误食刺激物和毒物，对传染病合并口膜炎症者，要隔离消毒。

治疗方法：轻度口炎，用 2%食盐水冲洗；慢性口炎发生糜烂及渗出时，用 1%的鞣酸蛋白冲洗；有溃疡时用 1∶9 碘甘油或蜂蜜涂擦。全身反应明显时，用青霉素 40 万～80 万单位，链霉素 100 万单位，肌肉注射 1 次，连用 1～5 天。

(4)羔羊腹泻病。绒毛用羊羔羊腹泻病症状是由消化不良引起的一种常见病。主要症状是拉稀，有的水泻，粪便恶臭，有的带有黏膜和血，或有未消化的饲料。病羊精神不振，很少反刍或不反刍，减食或停食，嘴皮、眼结膜苍白，肛门和尾根糊满稀粪。

治疗方法：

①食盐末 25 克，加少许焦馒头碾沫灌服，1 日 1～2 次。

②捣烂的蒜 50 克，烧酒 500 克，浸泡 10 天，加水 2 倍，每只羔羊 1 匙，灌 2～3 次。

③酸奶灌服，每次 50～100 克，3～4 次可见效。

④烧红土块 1 份，食盐 2 份碾沫，每只羊羔 5 克，既能治疗，又能预防。

(5)羔羊肌营养不良症。绒毛用羊羔羊肌营养不良症状是伴有骨骼肌和心肌组织变性，并发运动障碍和急性心肌坏死的一种微量元素缺乏症。病羔精神不振，运动无力，站立困难，卧地不愿起立；有时呈现强直性痉挛状态，随即出现麻痹，血尿；死亡前昏迷，呼吸困难。

治疗方法：加强母畜饲养管理，供给豆科牧草，母羊产羔前补硒，效果较好。或者应用 0.2% 亚硒酸钠 2 毫升，每月肌肉注射 1 次，连用 2 次。

90.绒毛用羊主要寄生虫病有哪些？如何防治？

(1)血孢子虫病。在草原和绵羊集中饲养的地区，血孢子虫病有时群体暴发，死亡率高达70%～75%。病原以壁虱、蜱为媒介。潜伏期从感染开始约为2周，病羊全身性感染时，急剧消瘦，体温增高至41～42℃，常躺卧，不活动，头下垂，食欲减退，尿呈血红素尿，被毛粗而无光泽，黏膜贫血带黄疸。

用土霉素溶于10%普鲁卡因溶液中，按每千克体重10毫克进行深部肌肉注射，每日1次，连注2～3次。每15天定期用克辽林为羊身药浴，秋后10月以杀蛾剂杀虫。春季蜱开始袭击时，注射雏黄素溶液预防，必要时10～15天再注射1次。在污染地区，放牧前注意检查，测量体温，发现病畜，立即治疗。或者注射土霉素1～2次，用以预防。

(2)羊鼻蝇病。由羊鼻蝇幼虫寄生在羊的鼻腔、额窦引起的一种慢性寄生虫病。患羊常打喷嚏，先流鼻涕，后变浓性鼻液，带血，呼吸困难，渐渐消瘦，毛粗乱。严重时鼻腔幼虫钻入脑子里损伤脑膜，出现神经症状。

治疗鼻蝇蛆病流行地区，按期用敌百虫进行预防性驱虫。用3～5毫升敌敌畏原液滴于纸上，另用纸包起来点燃。将20～30只羊圈在堵严的羊舍内，熏10～15分钟即可。

(3)肺线虫病。是寄生在气管、支气管、细支气管乃至肺实质的线虫引起的以支气管炎和肺炎为主要症状的疾病。

小型肺线虫单独感染时，病情表现比较缓慢，只是在病情加剧或羊接近死亡时，才明显表现为呼吸困难、干咳或呈暴发性咳嗽。羊群遭受感染时，首先个别羊干咳，继而成群咳嗽，运动时和夜间更为明显。病羊常打喷嚏，逐渐消瘦，贫血，头、胸及四肢水肿，被毛粗乱。

每年应对流行区内羊群进行2～4次普查和驱虫；及时对病羊进行治疗。驱虫治疗期，粪便集中进行生物热处理；羔羊与成年羊应分群放牧，并饮用流动水或井水。冬季羊应予适当补饲，补饲期间，每隔1日可在饲料中加入硫化二苯胺，按成年羊1克、羔羊0.5克计，让羊自由采食，能减少病原的感染。丙硫咪唑按每千克体重5～15毫克口服。

(4)羊泰勒虫病。传播者为长角血蜱，此蜱多寄生在灌木丛、草叶中，当羊采食、路过时，爬满羊体，叮在皮肤上吸血。羔羊2～6月龄最易感；死亡率高达90%～100%。病程1～7天，最长不超过10天。

发病开始时，羊不合群，喜卧，精神沉郁，食欲减退；肺泡音粗粝；体质日渐消瘦，表现无力；反刍减弱或停止，排干或稀软粪便；流黏稠或稀水样鼻液。病羊有的呈兴奋型，表现为转圈运动。随着病程延长，病羊更加消瘦。

治疗可用贝尼尔。每2千克体重3～5毫克，用注射用水稀释成5%溶液，臀部肌肉注射。症状轻微的羊用药1次即可奏效，对病程长、症状重的病羊于48小时后重复肌肉注射1次。用除癞灵对羊只进行药浴灭蜱。除癞灵500毫升加320千克水装入大缸或大锅或药浴池内，选择晴天气温高(25℃以上)的中午进行药浴。方法是将羊提起后使其后肢先下水，用刷子、草把等在羊身上反复刷洗。特别要将患处的结痂、硬皮浸软，用力刷甚至刷出小出血点，方能彻底消毒。防止药液溅到嘴、眼处，尤其药浴后要有专人看管，严禁啃咬中毒。药浴1次可保持2周时间羊身上无蜱。在蜱猖狂活动的季节，药浴3～4次，灭蜱效果良好，可以有效地预防羊泰勒虫病。

91.绒毛用羊主要传染病有哪些？如何防治？

(1)羊肠毒血症。该病以发病急、死亡快、死后肾脏多见软化为特征。是魏氏梭菌产生毒素所引起的绵羊急性传染病。又称软肾病、类快疫。病羊中等以上膘度，鼻腔流出黄色浓稠胶冻状鼻液，口腔流出带青草的唾液，尸僵一般。发病以绵羊为多，山羊较少。通常以 2～12 月龄、膘情好的羊为主；经消化道而发生内源性感染。牧区以春夏之交抢青时和秋季牧草结籽后的一段时间发病为多；农区则多见于收割抢茬季节，或羊食入大量富含蛋白质饲料时发病为多。多呈散发性流行。

发病时搬圈至高燥地区。常发区定期注射羊厌氧菌病三联苗或五联苗，大小羊只一律皮下或肌肉注射 5 毫升。春夏之际少抢青、抢茬；秋季避免吃过量结籽饲草。

(2)羊痘。本病主要在冬末春初流行。气候严寒、雨雪、霜冻、枯草季节及饲养管理不良等因素，都可促进发病和加重病情。一般情况下，山羊痘只能使山羊感染，绵羊痘只能使绵羊感染，山羊和绵羊不会相互传染。最初是由个别羊发病，以后逐渐发展蔓延全群。山羊痘通常侵害个别羊群。病势及损失比绵羊痘轻些。主要通过呼吸道传染，病毒也可通过损伤的皮肤或黏膜侵入机体。

对于绵羊痘采用自身血疗法能刺激淋巴、循环系统及器官，特别是网状内皮系统，使其发挥更大的作用，促进组织代谢，增强机体全身及局部的反应能力。具体方法是：采病羊颈静脉血(大羊 15 毫升，羔羊 9 毫升)，迅速注射于羊自身的股内及尾根部皮下。为避免血肿，可分点注射。间隔 2 天进行第二次注射，其用量为大羊 18 毫升，羔羊 12 毫升。

在羊痘常发地区，每年定期预防注射羊痘鸡胚化弱毒疫苗，用量为：大小羊一律尾内或股内皮下注射 0.5 毫升，山羊皮下注射 2 毫升。对尚未发病羊群，用羊痘鸡胚化弱毒疫苗进行紧急注射。当发生羊痘时，立即将病羊隔离，对羊圈及管理用具等进行消毒。对皮肤的病变酌情进行对症治疗，如用 0.1％高锰酸钾洗后，涂碘甘油、紫药水。用痊愈羊的血清治疗，大羊为 10～20 毫升，小羊为 5～10 毫升，皮下注射，预防量减半。

(3)蓝舌病。此病主要发生于绵羊。以发热、颊黏膜和胃肠道黏膜严重的卡他性炎症为特征，病羊乳房和蹄部也常出现病变，且常因蹄真皮层遭受侵害而发生跛行。该病潜伏期 3～10 天。

病羊体温升高到40℃以上，精神萎靡，厌食流涎；舌及口腔黏膜充血、发绀，出现瘀斑呈青紫色，严重者发生溃疹、糜烂，致使吞咽困难；双唇发生水肿，常蔓延至面颊、耳部；鼻分泌物初为浆液性，后为黏脓性，常带血，结痈于鼻孔四周，引起呼吸困难，鼻黏膜和鼻镜糜烂出血。部分病例由于胃肠道炎症，发生便秘或腹泻，常便中带血，最后死亡。病程6～10天。尚无有效治疗方法。对病羊应加强营养，精心护理，对症治疗。

口腔用清水、食醋或0.1%高锰酸钾液冲洗；再用1%～3%硫酸铜、1%～2%明矾或碘甘油，涂糜烂面；或用冰硼散外用治疗。

蹄部患病时可先用3%克辽林或3%来苏儿洗涤，再用碘甘油或土霉素软膏涂拭，以绷带包扎。

(4)传染性坏死性肝炎。绵羊、山羊均可发生。又称羊黑疫，羊的一种急性高度致死性毒血症。主要发生于低洼潮湿地区，以春夏季多发。以肝实质发生坏死性病灶为特征。以2～4岁、营养好的绵羊多发，山羊也可发生。病程短促，病程长的2天。患羊常食欲废绝，反刍停止，精神不振，放牧掉群，呼吸急促，体温41.5℃左右，昏睡俯卧而死。

病程稍缓的病羊，肌肉注射青霉素80万～160万单位，1日2次。控制肝片吸虫的感染，定期注射羊厌气菌病五联苗，皮下或肌肉注射5毫升。发病时，搬圈至高燥处。

(5)狂犬病。对被狂犬咬伤的羊一般应予扑杀，以免危害于人。如不能扑杀，羊被狂犬咬伤时，应及时用清水或肥皂水冲洗伤口，再用碘酒或硝酸银等处理，并尽快接种狂犬病疫苗；有条件时也可用免疫血清进行治疗。

(6)慢性传染性脑炎。该病潜伏期可达1～4年。又称羊痒病，以潜伏期特长、神经症状和剧痒为特征，病羊常致死亡。

病初患羊易惊，眼光不安或凝视，有时瞳孔放大和眼球颤动，间或头高举，阔步离群远走，并有一定程度的虚弱和反应迟钝。病后1～2个月发生行动紊乱，前肢呈摇摆不稳的类似"驴跑"的僵硬步态，后肢分开高举短步急行。也可能以足端着地拖行。病羊不能跳跃，驱赶时反复跌倒，但不麻痹。有时全身战栗或扑倒，可表现癫痫状发作。当抓捉病羊时，这些症状更易发生，也更剧烈。大多数病羊早期就表现发痒，最后剧痒。病羊啃咬尾根、臀部、股部和前肢，或剧烈摩擦墙壁和其他器物，引起皮肤脱毛、发红、发炎和形成痂皮。病羊消瘦贫血，体重很快减轻，最后卧地，但仍继续啃咬皮肤。

防治方法主要是不从疫区引种，一旦羊群中发现本病，必须全群淘汰。

(7)传染性胸膜肺炎。山羊特有的接触性传染病。以高热、咳嗽、纤维蛋白渗出性肺炎和胸膜炎为特征。

常呈地方性流行，冬季和春末发病率、死亡率最高。潜伏期短则3～6天，长则30～40天。流行地区及周围地带，每年注射1次山羊传染性胸膜肺炎氢氧化铝疫苗，皮下或肌肉注射。均至少可获得14个月的保护力。这种疫苗1次注射5毫升，经3周可产生满意的效果，另外，鸡胚化弱毒疫苗也安全有效。对厩舍及用具，用5%克辽林、1%～2%的苛性钠、10%的漂白粉或20%的热草木灰水进行消毒。圈内垫草应彻底清除并及时烧毁，或与粪便堆积一起发酵处理。

该病多呈急性型，病羊极度萎靡，食欲废绝，呼吸急促而有痛苦的鸣叫。被毛竖立发抖，呼吸较快，或伴有湿性咳嗽、浆液性鼻漏。最急性型，呼吸极度困难，呼吸时全身振动，黏膜高度充血、发绀，目光呆滞，呻吟哀鸣，不久窒息死亡。新引进羊只时必须隔离观察1个月以上，发病羊群应进行封锁，对病羊、可疑病羊和假定健康羊分群隔离和治疗。因为该病常有转为慢性过程，因此在疫病停止发生或病羊治愈后，必须再经过2个月左右的隔离观察，如不再出现病羊；才可解除封锁。

(8)山羊伪结核病。是羊的一种接触性、慢性传染病。特征为局部淋巴结发生干酪样坏死，有时在肺、肝、脾和子宫角等处发生大小不等的结节，内含淡黄绿色干酪样物质。

头部和颈部淋巴结发生较多，肩前、股前和乳房等淋巴结次之。该病在羔羊中少见，随年龄增长发病增多。感染初期，局部发生炎症，后波及邻近淋巴结，慢慢增大和化脓，脓初稀，渐变为牙膏样、干酪样。体表淋巴结肿大，内含干酪样坏死物。被毛粗乱、干燥；在肺、肝、脾、肾和子宫角等处有大小不一、数量不等的脓肿。

做好皮肤和环境的清洁卫生工作；注意及时处理皮肤破损。对患乳腺炎及子宫内膜炎的哺乳母羊应及时治疗，控制传染源。羊舍地面用具要彻底消毒，保证环境的清洁。早期用0.5%黄色素10毫升静脉注射有效；如与青霉素并用，可提高疗效。对脓肿按一般外科常规，将脓肿连同包膜一并摘除。

(9)羊巴氏杆菌病。在绵羊主要表现为败血症和肺炎，多发于幼龄羊和羔羊，山羊不易感染。

病羊和健康带菌羊是传染源，病原随分泌物和排泄物排出体外，经呼吸道、消化道及损伤的皮肤而感染。带菌羊在受寒、长途运输、饲养管理不当等情况下，抵抗力降低，可发生自体内源性传染。最急性型多见于哺乳羔羊，羔羊突然发病，于数分钟至数小时内死亡。急性者精神沉郁，体温升高到41～42℃，咳嗽，鼻孔常有出血；初期便秘，后期腹泻，有时粪便全部变为血水；病期2.5天；严重腹泻后虚脱而死。慢性者病程可达3周，病羊消瘦，不思饮食，流黏脓性鼻液，咳嗽，呼吸困难，腹泻。

平时应注意避免羊受寒。发病后应将羊舍用5%漂白粉或10%石灰乳彻底消毒，必要时用高免血清或菌苗作紧急免疫接种。庆大霉素、四环素以及磺胺类药物都有良好的治疗效果。

92.羊群农药中毒怎么办？

(1)有机氯中毒。羊群因误食、舔食撒有有机氯制剂的青饲料、蔬菜等中毒。症状是羊中毒后精神萎靡，食欲减少，口吐白沫，行动迟缓，呆立不动或步态不稳，眼球震颤，肌肉抽动，多于12～

14 小时内死亡。

预防措施是严禁将喷洒过有机氯农药制剂的谷物、饲草喂羊。使用有机氯农药灭蚊后，要开窗换气，让药气消散。

治疗方法是服用盐类泻剂，排出胃内毒物，用硫酸镁或硫酸钠 20～50 克，加水 200 毫升灌服，禁用油类泻剂。

(2)有机磷中毒。有机磷中毒常是误食喷洒有机磷农药的牧草或农作物、青菜等；误食被有机磷农药污染的饮水；误食拌过农药的种子；应用有机磷杀虫剂防治羊体外寄生虫，剂量过大或使用方法不当；羊接触有机磷杀虫剂污染的各种工具器皿等，而发生中毒。有机磷农药是农业上常用的杀虫剂，也是畜牧业上常用的杀虫和驱虫药，主要有乐果、敌百虫等。

有机磷中毒症状：

①烟碱样症状。肌纤维性震颤，血压升高，脉搏频数，麻痹。

②毒蕈碱样症状。食欲不振，流涎，呕吐，腹泻，腹痛，多汗，尿失禁，瞳孔缩小，可视黏膜苍白，呼吸困难，肺水肿以及发绀等。

③中枢神经系统症状。兴奋不安，体温升高，抽搐，昏睡等，中毒羊兴奋不安，冲撞蹦跳，全身震颤，渐而步态不稳，以至倒地不起，在麻痹下窒息死亡。

预防措施是严格农药管理制度和使用方法，不在喷洒农药地区放牧，拌过农药的种子不得喂羊；食盐为重要的饲料成分，但在采食过多或饲喂不当时，将引起家畜中毒。引起绵羊的中毒量为 3 克/千克体重。

治疗方法是灌服盐类泻剂，尽快清除胃内毒物，可用硫酸镁或硫酸钠 30～40 克，加水适量一次内服。或用双解磷、双复磷，其剂量为解磷定的一半。或用硫酸阿托品，按每千克体重 10～30 毫克，肌肉注射。或应用特效解毒剂，可用解磷定、氯磷定，按每千克体重 15～30 毫克，溶于 5%葡萄糖溶液 100 毫升内，静脉注射，以后每 2～3 小时注射一次，剂量减半，根据症状缓解情况，可在 48 小时内重复注射。

症状不减轻可重复应用解磷定和硫酸阿托品。

(3)有机氟中毒。羊对氟乙酰胺比较敏感,分急性中毒和慢性中毒。前者无明显前兆,心音增速,反刍停止,不愿行走,2～3天死亡;后者5～7天后食欲减退,不合群,肘肌震颤,排恶臭稀粪,终因呼吸抑制,循环衰竭而死。

预防措施是施用氟乙酰胺农药2个月内不可牧羊。防治方法是解氟灵(50%乙酰胺)肌肉注射,每天每千克体重用0.1～0.3克,分2～4次注射,首次量为全日量的一半。或洗胃,以0.05%高锰酸钾或淡肥皂水洗胃,或按每千克体重0.1～0.3克的0.5%盐酸普鲁卡因溶液稀释后分3～4次肌肉注射。

93. 羊群发生食物中毒怎么办?

(1)霉变饲料中毒。霉变饲料有青霉菌主要有黄曲霉。羊误食后,后肢无力,步履蹒跚,但体温正常,肛门流血,出现中枢神经症状。除停食外,内服石蜡油或植物油200～300毫升,心脏衰竭者可肌肉注射10%安钠咖5毫升。

(2)尿素中毒。表现为精神不安,肌肉颤抖,步态不稳,卧地呻吟,气胀。发现是尿素中毒,首先灌服食醋200～300毫升,内服硫酸钠、硫酸镁或植物油等泻剂,鼓气严重时可实施瘤胃穿刺术。如果无效,应增加食醋用量,使瘤胃气胀逐渐消失。

(3)毒芹中毒。羊误食后,行动不安,瘤胃鼓胀,口吐白沫,下痢,肌肉痉挛,多呈癫痫样发作。可内服鞣酸5克或食醋200毫升即可缓解。

(4)狼毒中毒。狼毒又称断肠草。羊采食后表现为腹痛、跳跃、呕吐。无特效药治疗。可灌服适量食醋解毒。

(5)谷物中毒。防治可用碳酸氢钠20～30克,酒精鱼石脂10毫升,痢特灵5片内服,每日2～3次。

(6)食盐中毒。主要症状表现为口渴。急性中毒羊口腔流出大量泡沫,兴奋不安,磨牙,肌肉震颤。应及时给予大量饮水,并内服油类泻剂，静脉注射 10%的氯化钙或 10%的葡萄糖酸钙。皮下或肌肉注射维生素 B，并进行补液。

(7)青贮中毒。首先停止饲喂青贮。严重的内服碳酸钠 5～10 克，人工盐 5～10 克，每日 2 次。

94. 健康绒毛用羊的正常体征是什么？

(1)呼吸。绵羊的正常呼吸率是 12～18 次/分，其中羔羊和成年羊分别为 12～15 和 15～18 次/分；山羊通常为 12～20 次/分。虽然羊只在痛苦或患热性病时呼吸增速，但在正常的运动、刺激、天热或通风不良等情况下，也会表现为呼吸次数增加。

(2)体温。正常的体温绵羊 39.0～40.0℃，平均 39.5℃；山羊 39.5～40.5℃，平均 40℃。天寒或晚上测量时体温要低些。

(3)脉搏。正常的脉搏率 70～80 次/分，但在运动、刺激、外界温度高等情况下会增加。

(4)行为。有警觉性，如眼睛闪闪发光、有轻微的刺激即竖耳等；食欲好，如趋槽、摇尾、采食津津有味等，反刍正常。眼睛明亮；翻开下眼睑所看到的眼膜呈粉红色；眼角无屎。

(5)皮肤。皮肤柔软并有弹性。

(6)粪便。羊尿应当是澄清的，不带有血、黏液或脓汁等；羊只排粪、排尿都不费力；羊粪应当是硬而不干，不含大量未消化的饲料。

95. 绒毛用羊患病的征兆是什么？

绒毛用羊对疾病的抵抗力较强，故一般情况下表现出的症状不太明显。因此，绒毛用羊饲养者应经常仔细地观察羊只表现，以便及时发现患病羊。当绒毛用羊表现有任何不同于正常体征的异常现象时，都预示着可能患病。羊只患病的征兆有：跛行或圆圈运动；流泪、失明；眼结膜和口内黏膜苍白；口鼻流出浓稠的黏液；离群呆立或掉队缓行；绝食或食欲不好；身体局部肿胀；呼吸困难或快速；哀鸣或磨牙等；没有口嚼食用的体征（不反刍食团）；有脱水表现，即从体表拉皮肤时，不易拉起与弹回；被毛脱落或外观粗糙；体温异常即明显或持续偏离正常数值；下痢或粪尿中带血、黏液等物质。

96. 防治绒毛用羊主要传染病的疫苗有哪些？如何使用？

及时给绒毛用羊施用疫苗，可防止多种疾病，提高养殖效益，归纳起来主要有以下几种。

(1)口疮弱毒细胞冻干苗。预防山羊口疮，每年 3 月、9 月各注射 1 次，不论羊只大小，每只口腔黏膜内注射 0.2 毫升。

(2)羔羊大肠杆菌疫苗。预防羔羊大肠杆菌病，皮下注射，3 月龄以下的羔羊每只 1 毫升，3 月龄以上的羔羊每只 2 毫升。注射疫苗后 14 天产生免疫力，免疫期 6 个月。

(3)羊痘鸡胚化弱毒疫苗。预防山羊痘，每年 3～4 月接种，免疫期 1 年，接种时不论羊只大小，每只皮下注射疫苗 0.5 毫升。

(4)破伤风类毒素。预防破伤风，免疫时间在怀孕母羊产前 1 个月、羔羊育肥阉割前 1 个月或羊只受伤时，在每只羊颈部中间 1/3 处皮下注射 0.5 毫升，1 个月后产生免疫力，免疫期 1 年。

(5)羊四联苗或羊五联苗。羊四联苗即快疫、猝疽、肠毒血症、羔羊痢疾苗，五联苗即快疫、猝疽、肠毒血症、羔羊痢疾、黑疫苗。每年于 2 月底 3 月初和 9 月下旬分两次接种，接种时不论羊只大小，每只皮下或肌肉注射 5 毫升，注射疫苗后 14 天产生免疫力。

(6)羊流产衣原体油佐剂卵黄灭活苗。预防山羊衣原体性流产，在羊怀孕前或怀孕后 1 个月内皮下注射，每只 3 毫升，免疫期 1 年。

(7)羔羊痢疾氢氧化铝菌苗。用于怀孕母羊，在怀孕母羊分娩前 20～30 天和 10～20 天时各注射 1 次，注射部位分别在两后腿内侧皮下，疫苗用量分别为每只 2 毫升和 3 毫升，注射后 10 天产生免疫力。羔羊通过吃奶获得被动免疫，免疫期 5 个月。

（8）山羊传染性胸膜肺炎氢氧化铝菌苗。皮下或肌肉注射，6 月龄以下每只 3 毫升，6 月龄以上每只 5 毫升，免疫期 1 年。

（9）羊链球菌氢氧化铝菌苗。预防山羊链球菌病，每年的 3 月、9 月各接种 1 次，免疫期半年，接种部位为背部皮下；6 月龄以下的羊接种量为每只 3 毫升，6 月龄以上的每只 5 毫升。

97. 出生羔羊剧烈腹泻以致大批死亡，如何解决？

这是羔羊痢疾的典型症状。是一种急性传染病，病原主要为 B 型魏氏梭菌，其次为沙门氏杆菌、大肠杆菌和链球菌。感染途径主要是消化道，也可通过伤口和脐带感染。环境卫生状况差，营养不良，人工哺乳不定量、不定时、不定温，以及气候剧变等均是本病的诱因。

本病多发生于 7 日龄以内羔羊，春季发病率较高。初期羔羊精神沉郁，低头弓背、不食、肚胀；随后腹泻，粪便如稀粥或水，后期粪便常带有血液，肛门松弛、排粪失禁，虚脱、昏迷。如不及时治疗往往于 2～3 天后死亡。

剖检可发现，小肠黏膜充血，有出血点、溃疡或坏死灶。真胃内有未消化凝乳块，胃黏膜水肿、充血、脱落，有出血斑。心包有积液，心内膜有出血点，肝常肿大，肺有充血或瘀斑。

防治措施：

（1）用土霉素 0.2～0.3 克，加等量胃蛋白酶，加水灌服，2 次/天，连续 3～5 天。或用青霉素、链霉素各 20 万单位，肌肉注射，每日 2 次，连续 3～5 天。

（2）生后 12 小时内口服土霉素或氟哌酸 0.15～0.2 克，每日 1 次，连续 3 天。

（3）做好羊舍卫生和饲养管理。

98. 绒毛用羊发病急、死亡快是什么问题？如何解决？

这可能是羊快疫。主要发生于绵羊，是由腐败梭菌引起的一种急性传染病。羊突然发病，往往未表现出临床症状即倒地死亡，常常在放牧途中或在牧场上死亡，也有早晨发现死在羊圈舍内。有的病羊离群独居，卧地，不愿意走动，强迫其行走时，则运步无力，运动失调。腹部鼓胀，有疝痛表现。体温有的升高到 41.5℃，有的体温正常。发病羊以极度衰竭、昏迷至发病后数分钟或几天内死亡。预防措施是必须加强平时的防疫措施。当牧场发生本病时，将病羊隔离，对病程较长的病例试行对症治疗。当本病发生严重时，转移牧地，可收到减少停止发病的效果。因此，应将所有未发病羊转移到高燥地区放牧，加强饲养管理，防止感冒，避免羊只采食冰冻饲料，早晨出牧不要太早。同时用菌苗进行紧急接种。在本病常发地区，每年可定期注射“羊快疫、猝疽、肠毒血症三联苗”，或“羊快疫、猝疽、肠毒血症、羔羊痢疾、黑疫五联苗”。

治疗方法是对病程较长者通过治疗可降低死亡率，但治愈率较低，一般只有 50%～60%的治愈率。

①中和毒素。可给病羊灌服 10%～20%的石灰水 50～100 毫升，连用 1～2 次，在短期内可明显降低发病头数。

②抗生素治疗。可选用青霉素(青霉素，肌肉注射，每次 80 万～160 万单位，每日 2 次)、链霉素、卡那霉索、磺胺及喹诺酮类药物进行治疗；也可口服一些抗生素或磺胺类药(磺胺类药拌料、饮水)进行治疗。

③强心利尿。可肌肉注射安钠咖 3～5 毫升/次，静脉注射 10%～25%葡萄糖 100～200 毫升/次。

④血清治疗。给患病羊皮下注射病愈羊的血清 30 毫升左右，1～2 次。

病情紧急时，可对全群羊投服 2%硫酸铜水，每只羊 100 毫升左右。

99. 绒毛用羊急性死亡，有腹膜炎和溃疡性肠炎，如何解决？

这可能是羊猝疽。本病主要侵害绵羊，也可感染山羊，各种年龄、品种和性别的羊均可感染。但6～24月龄的羊比其他羊发病率高。本病发生于成年绵羊，以1～2岁的绵羊发病较多。常见于低洼、沼泽地区。多发生于冬春季节。常呈地方性流行性。

病羊一般体温不高。病程稍缓的病羊常呈现腹痛、腹胀、离群呆立，嚼食泥土或其他异物。病初粪球干小，濒死期发生肠鸣腹泻，排出黄褐色水样粪便，有时混有血丝或肠伪膜。有的卧地或独自奔跑，出现四肢滑动全身颤抖、眼球转动、磨牙、头颈向后弯曲等神经症状。最后口、鼻流沫，常于昏迷中死亡。

预防措施是加强饲养管理，防止受寒，避免羊只采食冰冻饲料。圈舍应建于干燥处。疫区每年定期注射三联苗（羊快疫、羊猝狙、羊肠毒血症），或一联苗（适用于上3种病加上羊黑疫、羔羊痢疾）。本病严重时，应及时转移放牧地。

治疗方法是青霉素，肌肉注射，每次80万～160万国际单位，每天2次。

10%～20%石灰乳，灌服，每次50～100毫升，连用1～2次。

10%安钠咖10毫升加于500～1 000毫升的5%葡萄糖中，静脉注射。

100. 绒毛用羊在饲喂或偷食谷物饲料后突然发病是怎么回事？如何解决？

这是羊瘤胃酸中毒。由于羊采食精饲料过多或采食过量谷物饲料，或长期饲喂酸度过高的青贮饲料而引起瘤胃内乳酸增多，进而导致以前胃炎症为主的全身性酸中毒病。

预防措施是加强对临产羊和产后羊的健康检查。精料喂量不宜过多，一定要加喂适量优质干草，青贮饲料酸度过高时，要经过碱处理后再喂。饲料中精料较多时，可加入 2%碳酸氢钠，0.8%氧化镁或 2%碳酸氢钠与 2%硅酸钠（按混合饲料总量计量）。

治疗方法是因进食大量谷物或精料而致病的，可施行瘤胃切开术，取出食物。口服氢氧化钙溶液，以中和瘤胃中的乳酸及其他挥发性脂肪酸。补充体液（由林格尔氏溶液、葡萄糖盐水、生理盐水组成）每次 1 000 毫升，每天 1～2 次，同时补加 5%碳酸氢钠溶液，以解除体内积存的酸性物质。为控制和消除炎症，可注射抗生素，如青霉素、链霉素、四环素。当病羊不安，严重气喘或休克时，可静脉注射山梨醇或甘露醇，剂量为 150～250 毫升，每天早晚各 1 次。病羊全身中毒减轻，脱水有所缓解，但仍卧地不起时，可适当注射水杨酸类和低浓度（5%以内）的钙制剂。

六、绒毛用羊的产品加工技术

101. 如何采取有效的营销策略，才能确保绒毛用羊产品营销活动的顺利进行？

影响绒毛用羊产品营销活动顺利进行有两类因素，一类是外部环境给生产者带来的机会和威胁，这些是生产者很难改变的；另一类则是生产者或企业本身可以通过决策加以控制的。生产者或企业本身可以控制的因素归纳起来主要有以下 4 方面。

(1)产品。

①实施品牌化策略。随着农业科学技术的飞速发展，绒毛用羊产品的外观越来越相似，品牌日益成为消费者识别的标志。因此，在绒毛用羊产品营销活动中要创造能被社会广泛接受和认可、具有较高声誉的品牌绒毛用羊产品。

②实施新产品策略。绒毛用羊产品生产者应密切关注政府的新产品开发项目，根据自身的条件有选择地进行新产品生产，并积极从其他地区引进新品种。

③实施包装策略。在现代市场营销中，产品包装已经突破了主要是保护产品的传统观念，而发展成为产品营销中的一种重要竞争手段。因此，应根据产品的不同特点采用合适的包装，增强产品的市场竞争力，促进产品销售。

(2)价格。价格是营销组合因素中的重要因素之一，包括确定定价目标、制定产品价格原则与技巧等内容。企业能否制定正确的价格决定着能否扩大销售，增加利润和提高市场占有率。因为价格不仅影响着市场需求，影响着竞争者经营策略，也影响着本企业营销组合的其他因素。在实行绒毛用羊产品营销时，应实施优质优价、按市场需求定价和区域定价策略。要做到“价格适中”。

如果企业选定的目标市场顾客群体主要是处于温饱型及过渡型人群，其收入水平决定了他们对价格非常敏感，应该在保证产品质量和实用性的前提下，采取低价位、薄利多销策略。

小康型群体收入相对较高，顾客群体在购买过程中考虑的就可能不仅仅是商品的价格，还会适当地考虑产品的品牌，对于这一部分顾客群体，建议企业应在市场进行细分的基础上采取差异化价格策略，以满足其特定的心理需求，实现企业营销目标。

(3)促销。促销策略是指主要研究如何促进顾客购买商品以实现扩大销售的策略。其影响因素包括广告、人员推销、宣传、营业推广、公共关系等。因此，应结合绒毛用羊产品个性特点挖掘其独有魅力，寻求恰当的诉求定位，采用独特的广告策划和创出自己的名牌产品，并积极通过各种合适的促销方式向消费者传递有关优质产品的信息，提高其消费意识。

(4)分销。分销策略主要研究使商品顺利到达消费者手中的途径和方式等方面的策略。其影响因素包括分销渠道、区域分布、中间商类型、运输方式、存储条件等。在现代市场经济条件下，市场商品供应丰富，消费需求复杂多样，生产者的产品必须通过选择正确的分销渠道才能在适当的时间、适当的地点以适当的价格供应给广大消费者。另外，由于绒毛用羊产品在流通过程中环节较多，而每一环节都将增加产品的交易成本进而提高产品最终价格。因此，应运用科学的绒毛用羊产品分销策略，选择高效、便利的流通渠道，降低绒毛用羊产品的交易成本。

事实上，一个绒毛用羊产品要想长期在市场上立住脚，获取好效益，须在产品、价格、销售渠道和促销等方面，综合运用多种营销策略和手段。如在产品营销策略上，不但要注重抓好产品的质量，还要注重抓好产品的包装、品牌、特色等。

企业经营的成败，在很大程度上取决于这些组合策略的选择和它们的综合运用效果。

102.山羊绒的特性有哪些?

(1)柔韧有弹性。羊绒纤维卷曲回复率大,适宜加工为手感丰满、柔软、弹性好的针织品,穿着起来舒适自然。而且,保形性好,表现在洗涤后不缩水。

(2)细度均匀,着色好。羊绒纤维细度均匀、密度小,横截面多为规则的圆形,吸湿性强,着色力好,不易褪色。

(3)保暖性好,手感光滑。羊绒纤维自然卷曲度高,在纺织过程中排列紧密,保暖性好。另外羊绒纤维外表鳞片小而光滑,因而手感光滑。

103.影响山羊绒毛生长的因素有哪些?

(1)品种。品种不同,羊绒产量和细度会有一定的差异。在生产实践中,应选留那些绒纤维生长周期长,即纤维生长早的品种和个体。另外,山羊绒的脱换时间在品种间有一定的差异。研究发现,辽宁绒山羊绒毛的换毛最早,在6月下旬开始长出新毛,阿尔巴斯绒山羊在8月,宁夏本地山羊最晚在9月换毛,但绒毛停止生长的时间都是在2月。前者山羊绒生长期为7个多月,中者为6个月,后者为5个月。山羊绒生长期越长,羊绒的长度越大。三个品种母羊的羊绒长度分别为60.7毫米、51.7毫米、33.8毫米。生长期长的品种产绒量高。三个品种母羊的产绒量分别为532克、321克、149克。

(2)营养。营养不足,羊绒会变弱,弹性和韧性会有一定程度的下降,产量也会随之降低。

(3)环境。高气温能使羊绒变细,产绒量下降;低气温使产绒量增加,产绒变粗。羊绒会随着海拔高度的增加而变细变短。另外,环境可以通过影响饲料条件,从而间接影响羊绒品质和产量。饲养条件对山羊绒的生长和品质的优劣影响很大,营养丰富时山羊绒柔软，光泽好，油汗适中，弹力强，而且绒毛脱换也快；反之，营养不良时，山羊绒短稀，失去光泽，强度低，弹力弱，产绒量和品质下降。经测定，两者的绒厚相差(8.3±3.2)毫米，产绒量相差(84.0±42)克。

(4)季节。山羊绒从7～8月开始生长，以9、10、11月生长最为迅速。3个月山羊绒生长的长度占其总长度的85.10%。有髓毛的生长刚好相反，以夏季各月生长较快，冬季和秋季生长较慢，5月底6月初收绒后到9月初的3个多月时间里，生长的有髓毛长度占其总长度的67%，而9月到第二年3月的7个月时间里，有髓毛的长度占其总长度的33%。

(5)年龄。山羊绒毛的长度受年龄的影响，4岁时羊绒生长最快。成年山羊绒脱落比幼龄羊早，而幼龄羊绒脱落往往和有髓毛的脱落相距时间较短。所以在抓绒时有相当数量的髓毛混入山羊绒中，降低了山羊绒的品质。

104.毛用羊的被毛组成类型有哪些？

(1)被毛类型。

①绒毛型：外层是毛茸茸而细长的绒毛，内层是粗硬的粗毛。绒毛一般占被毛重量的60%，有的高达80%，外层被毛除大量的无髓毛外，尚有一定数量的细长的两型毛，按重量百分比计算为20%～30%。也就是说，外层被毛是由无髓毛和两型毛所组成。绒毛较粗具有不规则形状和弯曲，有髓毛(粗毛)粗直无弯曲，属于此类的绒山羊，主要是前苏联的波士顿山羊、乌兹别克山羊等。

②粗毛型：外层是粗长的有髓毛(粗毛)，内层是纤细、轻盈、柔软、光滑的无髓毛。我国的绒山羊全部是这种被毛类型。按照粗毛的长短，可分为长毛型和短毛型，有的分为长毛型、中毛型和短毛型，有的分为多绒型、短粗毛型和长粗毛型，三者的差别如下。

外形特征。多绒型被毛中粗毛稀短而绒毛长密，除颈、背和腹部粗毛稍多外，体侧和体躯中部几乎看不到粗毛。整个被毛可见到明显的绒毛丛,酷似细毛羊的毛丛。成年羊这种特征更为明显。短粗毛型粗毛短而密,绒毛也外露,但不像多绒型那样明显,长粗毛型则粗毛长而密,外表完全看不到绒毛。

被毛状况。绒密度:据测定,多绒型绒山羊被毛绒密度,公羊每平方厘米(2 334±408)根,母羊每平方厘米(2 247±356)根,短粗毛型分别为(1 987±260)根,(1 892±350)根;长粗毛型为公羊每平方厘米(1 836±380)根,母羊每平方厘米(1 850±366)根。产绒量:据测定绒山羊不同类型的产绒量存在显著差异,多绒型绒山羊公羊产绒量为(910±200)克,短粗毛型为(740±122.8)克,长粗毛型为(650±200.2)克,前者比后者分别高为 260 和 116 克。母羊产绒量多绒型为(515.5±91.8)克。短粗毛型(427.3±151.1),长粗毛型(397.0±112.5)克,前者比后者分别高 118.5 和 88.2 克。绒毛比例:被毛中的绒毛比例是反映绒山羊被毛特性和产绒性能的重要指标,绒毛比例高则产绒多,经济价值也相对较好。据推测,多绒型绒山羊被毛中绒毛比例为(15.5±6.1)∶1,短粗毛型为(12.0±3.5)∶1,长粗毛型为(11.5±2.6)∶1。

(2)纤维类型。

①有髓毛:有髓毛分为正常有髓毛、干毛和死毛。是由鳞片层、皮质层、髓质层组成。鳞片为非环状,有各种各样形状,几个鳞片围绕毛纤维 1 周。横断面为椭圆形或不规则形状,也有类似圆形的。是由初级毛囊形成的。有髓毛较粗、长,弯曲少,是绒山羊的外层被毛。纺织价值较无髓毛低。

②无髓毛:组成绒山羊的内层被毛,纺织价值高,是生产高档纺织品的原料。由鳞片层和皮质层组成、没有髓质层。由次级毛囊组成。弯曲明显,细度较细,一般为 13～16 微米。横切面呈圆形或椭圆形。

③两型毛:组织学结构接近无髓毛,有的无髓,有的有髓,有髓的呈点状或断续状,其细度介于有髓毛和无髓毛之间,有些产绒山羊如中卫山羊被毛中含两型毛,给山羊绒的分梳加工带来很大

困难。

(3)绒毛组成。

①山羊毛。其特点是粗长,单纯由髓毛组成的山羊毛,其细度与山羊绒的细度差别较大,便于分梳加工。而由有髓毛和两型毛组成的外层被毛,由于两型毛与山羊绒的细度差异小,对羊绒的分梳加工极为不利,增加了加工工艺成本。大多数绒山羊或产绒山羊粗毛的用途小、经济价值低。唯独产于半荒漠地区的中卫山羊。其粗毛属是马海毛类型,细微结构与马海毛相似,排列整齐的非环状鳞片紧贴毛干、鳞片边缘轮廓清晰、完整、缺损较少,鳞片上的辉纹为裂纹状,呈纵向排列,横向棱脊不太突出。被毛中两型毛含量高,有丝样光泽,是制作"银捻昵"的原料,类似于安哥拉山羊毛,被称为"中国的马海毛"。

②山羊绒。一般情况下,组成被毛的内层。因为最早的山羊绒是在印度的克什米尔地区发现的,当地群众用山羊绒织成的各种围巾、披肩、便帽、手套,具有轻便、柔软、暖和、光滑之特点,是任何纤维无法比拟的,驰名的"戒指披肩"就是用最好的山羊绒制作的,可以通过戒指空隙,表示披肩十分轻薄。山羊绒的最大特点是纤维很细,平均直径为13～16微米,相当于80支的细毛。山羊绒的鳞片多为环状,横切面呈圆形,比重为1.31,而羊毛为1.32,棉花1.54,涤纶1.38,黏胶纤维1.50～1.52,故山羊绒较为轻盈。在相同重量的基础上山羊绒的绝缘性是山羊毛的3倍,保暖性能好。具有丝绸样的手感,制品光滑为一体,是高等纺织品的重要原料。纺织价值特别高,价值也昂贵,享有"软黄金"之美称。

105.如何通过头部确定毛用羊的最佳梳绒时间?

毛用羊被毛有两层纤维,上层毛为粗毛,底层紧贴羊体长的纤维才是绒,它是毛用羊的主要经济价值产品,是纺织工业的高级原料,绒的长度是毛的长度的一半,绒的细度也是毛的一半。在绒山羊身上,毛相当于厚外套,绒相当于他的贴身小棉袄。通常1只绒山羊身上每次能采集 500 克的绒，但是有些养殖户发现，给羊梳完了绒之后，一称重也就 250 克左右的绒，那余下的绒哪里去了呢?

羊绒一般是从头年的 9 月开始生长，11～12 月生长旺盛期，然后在第二年的 2 月底停止生长，到了 4 月中旬左右，天气转暖的时候，毛囊逐渐收缩，营养中断，羊的颈、肩、胸、背、腰及股部的羊绒开始有顺序的松动，这就表示羊开始脱绒了。也就是说每年到了清明前后，是梳绒的最佳时期。但是清明前后只是一个大致的时间范围，是针对整个毛用羊群体来说的。具体到每只羊，由于个体差异，最佳梳绒时机是有差异的，这需要养殖户仔细观察和判断。那么如何确定每只羊梳绒的最佳时机呢？我们可以通过观察它的头部来判断。一旦羊头部的绒开始脱落，那么就可以断定这只羊到梳绒的时候了，必须要马上梳绒。只有抓住这个时间来梳绒，才能减少羊绒的损失，能梳到最多的绒。

106.如何给羊绒进行分级?

对山羊绒总的品质要求是：干燥，无杂质，手抖净货，白、青、紫三色分开（白绒绒毛纯白色；青绒白里带有黑色；紫绒呈深紫或浅紫色）。分级原则：一是以绒毛含量的百分比，二是根据绒的色泽。

（1）原绒分级。

①特等，含绒率≥75％，手扯长度≥43 毫米，色泽光亮，手感柔软，有弹性，强力好，允许含有少量的易于脱落的碎皮屑。

②一等，纤维细长，色泽光亮，含绒量 80％，含短散毛约 20％，等级比差 100％。

③二等，纤维粗短，光泽差，含绒量及短散毛各为 50％，带有不易分开的薄膘、短绒、黑皮绒，等级比差 35％。种类比差：活羊抓绒为 100％；活羊拔绒为 90％；生皮抓绒 80％；熟皮抓绒、汤退绒、干退绒 50％；套绒 70％以下按质计价。色泽比差：紫绒 100％；青绒 110％；白绒为 120％，最高。

④三等，含绒率≥35％，手扯长度≥30 毫米，光泽和弹力较

差，含有较多不易脱落的皮屑。

(2)无毛绒分级。原毛绒经过初加工，去除大部分粗毛纤维及杂质的羊绒，共分3档。

①Ⅰ档绒，有髓毛含量不超过1%；

②Ⅱ档绒，有髓毛含量不超过2%；

③Ⅲ档绒，有髓毛含量不超过5%。由于无毛绒的出口售价为原毛绒的5倍，故我国近年来已由原毛绒为主转向以无毛绒出口为主。

另外，带绒春毛，按标准分3级：一级含绒量50%～60%；二级多为山羊的边积绒，含绒量40%；三级含绒量35%～38%，为低档绒。

107.山羊绒的鉴别方法有哪些？

山羊绒检验中羊绒含量的鉴别是羊绒品质鉴定中最为重要的指标。目前主要有以下几种方法。

(1)感官目测法。

①抓：羊绒的毛是无髓空心的，因此相当有弹性。用手抓握一把羊绒，会有一种糯米弹性般的感觉。

②放：抓一把羊绒在手，然后放开，羊绒因是动物蛋白，而会立即恢复平整，难以起皱。

③摸：羊绒表面鳞片密度为60～70个/毫米，毛也远比羊毛细，平均细度多在14～16微米，因此摸上去有种丝滑的感觉，相当舒适，绝对没有毛刺感。

④烧：羊绒燃烧时不仅发出动物蛋白质遇火时的焦臭味，燃烧速度也慢，烧后的灰显粉状，一碰即碎。

(2)扫描电镜法。制片中需用真空喷镀仪或溅射仪在样品上镀上一层约25毫米厚的金膜，借助扫描电子显微镜，利用其二次电子像，依据山羊绒的鳞片结构特征进行鉴别，在鉴别的基础上，通过荧光屏准确地测定山羊绒纤维的直径和根数，把根数和直径与它们相应的比重一起代入公式计算，即可得出山羊绒的重量百分含量。

（3）光学显微镜法。主要是利用投影显微镜将纤维放大500倍，根据山羊绒结构特征依次分辨出每根纤维的种类，并且测量各类纤维的直径、计数，根据山羊绒的密度计算出山羊绒重量百分含量，其检验结果受检验人员的主观因素影响较大，要求检验人员必须具有很强的鉴别能力及丰富的实践经验，对于深色样品必须经过褪色处理才能进行鉴别。

（4）溶液鉴别法。利用山羊绒纤维在鉴别液中卷曲伸展状态的不同将其挑拣出来，分别漂洗、烘干、称重计算其重量含量。该方法只适用于未受损伤的毛绒纤维。

（5）染色法。利用山羊绒原纤结构的差异及其染色性能的差别，经过着色剂染色、清洗和烘干，利用选择性上染使颜色差异趋于明显的特征，从而鉴别山羊绒与绵羊毛纤维，但染色要均匀。该方法只适用于未经染色的山羊绒。

108.影响山羊绒品质的因素有哪些？

（1）染色。有人用增白剂或其他化学染料将青绒、紫绒染成白色，冒充白绒。这种做法从直观上来说破坏了羊绒的手感，使羊绒手感发涩。从组织结构看，通过增白剂处理过的羊绒，其外部鳞片层都程度不同地受到破坏，重者形成鳞片大面积脱落。所以，要重视羊绒本来的颜色，不同地区羊绒颜色有一定差异。

（2）温度。羊绒要切记高温，尤其是水洗绒与后整理这两道工序，水温切记不要超过35℃，避免影响山羊绒的质量。当山羊绒置于35℃以上的水温1小时后，羊绒的鳞片便微有翘起，皮质细胞结构开始疏松。当羊绒置于80℃以上的水温浸泡时，羊绒的外部鳞片便大面积脱落，皮质开始变性。

（3）存放时间。山羊绒从脱离羊体算起，半年之内，羊绒的组织结构基本没有什么变化。但半年以后，羊绒的鳞片即开始脱落，强力开始降低。特别是放置3～4年后的山羊绒，除鳞片层大面积脱落外，皮质层也形成破裂、脱落，用肉眼看，抓一把绒，即可看到绒内有大量白色粉末，如果放到放大镜或电镜下面观察，情况会更糟，故山羊绒存放不宜过久。

(4)病虫害。羊有多种传染病和寄生虫病，有的传染病是人畜共患的，如炭疽。常年接触羊绒，也要防止传染病的发生，一是工作场所勤消毒，二是人员常洗手勤消毒。最主要的是按照防疫规定定期给人员注射防疫接种疫苗，以保证人员的健康。

109.如何包装和贮存山羊绒？

(1)包装。山羊绒包装，应按绒的等级、颜色分别装入毛袋或毛包中(有条件的应采用机器打包)，这样有利于运输和保存。打好的绒包，在其一侧贴上标签，说明产地、包的号数、质量、种类、颜色和等级等。

(2)贮存。包装好的绒包应堆放在干燥的房屋里。屋内要有水泥或木地板。若无木地板，绒包应放在木架上(不可紧靠墙壁和地面，以防受潮)。在气候潮湿的地方或季节，绒包间应留有空隙，以使空气流通。保存期间要经常检查，一旦发现绒包温度或湿度增高，则应立即开包晾晒。同时，拣出被蛾、虫蚀的羊绒。保存时要注意防火，室内要备有灭火器。保存时间不宜过久，要及时销售和调运。

110.羊毛的特性有哪些？

羊毛具有许多优良特性，如吸湿性强、弹性好、保暖性好、光泽柔和。这些性能使毛织物具有各种独特风格。用羊毛可以织制各种高级衣用织物，如薄花呢等；有质地丰厚、手感丰满、保暖性强的冬季织物，如格类大衣呢等；有手感滑糯、丰厚有身骨、弹性好、呢面洁净、光泽自然的春秋织物，如中厚花呢等。羊毛也可以织制工业用呢绒、呢毡、毛毯、衬垫材料等。此外，用羊毛织制的各种装饰品如壁毯、地毯，名贵华丽。

(1)热定型。羊毛纤维在一定温度、湿度、外力的作用下，经过一段时间，会使其形状稳定下来，称之为羊毛的热定形。

(2)细度。细度是确定羊毛品质和使用价值的重要指标。毛纤维截面近似圆形，一直用直径大小来表示它的粗细，称之为细度，单位为微米。细度的表示方法：有品质支数、平均直径、公制支数。

①品质指数：是毛纺织生产活动中长期沿用下来的一个指标。一定的品质支数反映羊毛细度在某一直径范围内。羊毛品质支数和平均直径的关系见表3。

表3 羊毛品质支数和平均直径的关系

品质支数	120	110	100	90	80	70	66	64	60	58
平均直径/微米	14.5	15.5	16.5	17.5	18.5	19.5	21.0	22.5	24.0	26.0
最高纺纱支数	125	108	98	88	78	68	58	50	45	38

②平均直径：羊毛细度常以直径表示，由于羊毛粗细不匀，一般测量根数较多，同质毛测量300根，异质毛测量400根。

③公制支数：是指单位重量的毛纤维所具有的长度。同一种纤维的比重为一定值，因此，公制支数与纤维的截面积的倒数成反比。公制支数是应用较广的细度指标，也适用于毛纱。

(3)长度。羊毛长度在工艺上的意义仅次于细度。它不仅影响毛织物的品质，更重要的它是决定纺纱系统和选择工艺参数的依据。

由于天然的卷曲存在，毛纤维长度可分为自然长度和伸直长度。一般用自然长度表示毛丛长度。毛纤维消除弯曲以后的长度，称为伸直长度。在毛纺厂生产中，多用伸直长度来评价羊毛的品质。

羊毛长度对毛纱品质也有较大的影响。细度相同的毛，纤维长的可纺高支纱，纱支一定，长纤维纺出的纱线强度高，条干好，纺纱断头率低。影响纱线条干的另一重要因素，是30毫米以下的短纤维含量，因为短纤维在牵伸过程中不易被牵伸机构所控制，易形成浮游纤维，造成毛纱粗、细节，大肚纱等疵点，因此在前纺精梳毛条中对短纤维的含量控制是很关键的。

(4)卷曲。羊毛的自然形态是沿长度方向有自然的周期性卷曲。一般以每厘米的卷曲数来表示羊毛卷曲的程度，叫卷曲度。一般有弱卷曲、常卷曲和强卷曲三种。一般纤维细度越细，卷曲越多。

(5)摩擦性。由于鳞片的指向特点，羊毛沿长度方向的摩擦，因滑动方向不同，致摩擦系数不同。滑动方向从毛尖到毛根，为逆鳞片摩擦；滑动方向从毛根到毛尖，为顺鳞片摩擦。逆鳞片摩擦系数比顺鳞片摩擦系数要大。这一差异是羊毛缩绒的基础。差异越大，羊毛毡缩性越好。

(6)缩绒性。羊毛在湿热及化学试剂作用下，经机械外力反复挤压，纤维集合体逐渐收缩紧密，并且相互纠缠，交编毡化。这一性能，称为羊毛的缩绒性。温湿度、化学试剂和外力作用是促进羊毛缩绒的外因。

111.如何对细羊毛进行分等分级？

应根据国家标准对细羊毛进行分等分级，技术要求如下：

(1)长度、细度、油汗为定等级的考核指标。三项指标中以最低的一项定等定级。品质特征为参考指标。

(2)油汗指标。满足本等级规定的羊毛不得少于重量的2/3。

(3)长度指标。特等毛须有90%及以上符合本等级规定，其余10%羊毛长度不得短于5.5厘米；一等羊毛长度在6.0厘米及以上的羊毛必须占全批羊毛的2/3及以上，5.5厘米及以上的羊毛必须占全部羊毛的80%及以上，其余20%的羊毛长度不得短于4.0厘米。二、三等毛须全部符合本等级规定。

(4)各等级细度指标须100%符合本等级规定。

(5)头、腿、尾毛及其他有使用价值的疵点毛，均需分别单独包装，不得混入等级毛内。

(6)沥青毛、油漆毛必须拣出，不得混入羊毛内。

(7)边肷毛按其细度、长度、品质特征并入相应等级。不符合标准技术规定者，单独包装。

112. 如何评定羊毛的品质?

(1)细度。指羊毛纤维的粗细，以纤维横切面直径的大小表示，以微米为单位，或者用"品质支数"表示羊毛细度，就是说 1 千克净梳羊毛，能纺成 1 000 米长的毛纱数，能纺成多少根 1 000 米长的长纱，就叫多少支纱。羊毛愈细而均匀，所纺的纱愈长，支数愈高，纱的品质也愈好。

(2)长度。分自然长度和伸直长度两种，前者是指毛丛自底部到顶端的直线距离，后者是指单个纤维伸直时的长度。羊毛的长度和细度，因品种不同而有差别，但二者之间也有一定的相关性。又细又长的羊毛其纺织性能最好，制品也更佳。如细而长的羊毛可纺织成凡尔丁一类上等精纺毛料；若细度好而长度不够，只能纺织呢子一类的粗纺毛料。很粗的羊毛只能编织地毯、提花毛毯等或制毡。

(3)强度。指羊毛对断裂力的应力，即拉断羊毛所需的力。羊毛的强度与织品的结实性、耐用性有关，是羊毛的重要机械性能之一。羊毛的强度有两种表示方法：一是绝对强度，即拉断单根羊毛纤维所用的力，以"克"来表示。二是相对强度，即拉断羊毛纤维时，在单位面积上所用的力，以"千克/毫米^2"来表示。

羊毛的绝对强度与细度有关，在各方面条件相同的情况下，羊毛的细度与其绝对强度成正比，即羊毛越粗，绝对强度越大、但有髓毛中髓层越粗，其抗断能力越差。

绵羊由于营养不良以及疾病、妊娠、哺乳等原因，可使毛纤维某部分变细，此种羊毛强度降低。羊毛在羊体上，或剪毛后储存过程中，受到某种不良因素的影响，也可使其强度降低。如羊毛在羊体上受到粪尿污染，保存时受热受潮，洗毛时洗液浓度、温度过高等，都会使其强度降低。

(4)伸度。羊毛已经拉伸后，还能继续拉长，在被拉长到断裂之前一刹那间伸长了的长度与羊毛纤维伸直长度的百分比，称为羊毛的伸度。羊毛的伸度是决定毛织品结实程度的因素之一。用伸度较小的羊毛织造的织品，做成衣服后，衣角及有皱褶的地方容易破损。

羊毛的强度和伸度有一定的相关性，影响羊毛强度的因素也影响其伸度。羊毛强度和伸度是仅次于羊毛细度和长度的重要特性，对不同细度的羊毛纤维所要求的强度和伸度也不同。

(5)毛色。羊毛本身具有多种颜色，其中以纯白色的为最好，因为白色羊毛可随意染成各种鲜艳的色彩。其他颜色的羊毛只能染成较深的颜色，且容易染花(深浅不匀)，故价值低。

(6)匀度。指毛被中纤维间粗细一致的程度。毛被或毛丛中纤维的细度很近似的就是匀度好，匀度好的羊毛所纺成的毛纱及其织品就均匀、光洁和结实；越不匀的羊毛，其品质越差。纺织价值也越小。

(7)弹性。指使羊毛变形的外力一旦去掉后，羊毛能很快恢复原形的特性。如把一团羊毛捏紧，使其体积变小，但手张开后，羊毛很快会恢复原来的形状，这就是羊毛弹性的具体表现。由于这种特性，毛料衣服能长久保持平整。

113.如何包装、贮存和运输羊毛？

(1)包装。在羊毛集中产地的收购站点设置羊毛打包机，打包速度快，质量好羊毛收购量少的站点，用人工打包，即将毛包口用水架吊起，将羊毛装入，人工踩实，直至装满封口为止。毛包外边要打印标记，内容包括：生产地点、类别、级别、重量、色别、包号等。严禁用柳条或草席包装，以防影响羊毛质量。

(2)贮存。底部铺垫木板、木条或铺席,将毛包按顺序或按分类分级的羊毛分别堆垛存放。如无仓库,也可露天贮存,垛底放两层楞木,羊毛起垛后,垛顶要加盖苫席或苫布,封严盖实,不使毛包外露。同时要定期倒垛,以防垛内发热而产生霉变。避免日光照射,防止油脂蒸发,强度减弱,品质降低。

(3)运输。若长途调运,用闷罐车皮按类或级分别装运。若用敞皮车,要用苫布封严盖实,避免途中淋雨或日光暴晒。短途调运主要用汽车拉运,用苫布封严毛包四周。无论火车或汽车运输,均要注意清除装运工具或车厢内的化肥、石灰或碱,以及其他有损于羊毛品质的有害物质或药品。

114.如何防止疵点毛的产生?

疵点羊毛的纺织价值大大降低。应该采取有效措施,防止疵点毛的产生,具体情况如下。

(1)在给羊做记号时应使用专门的羊用涂料打在羊的额鼻部,不要涂在被毛上。避免使用沥青、油漆等在羊体上做记号。这种印记是不能洗掉的,即使很小一点,在纺织品中也会造成扩散,损害织品的质量。为此,要避免印记毛的产生。

(2)由于冬春季缺草缺料或长期患病,羊体营养不良,致使长出的羊毛变得很细,或者形成局部突然变细,变细部分很容易断裂而降低羊毛品质。因此,应注意防治疾病和冬春季补饲,保持羊毛正常生长。以避免饿痕毛的产生。

(3)当羊患疥癣病时,剪下的毛混有脱落的疥癣痂块、皮屑或毡结成块。而且患疥癣病的羊由于皮肤营养紊乱,生长的羊毛变细,极易断裂,纺织价值很低。因此,应加强疥癣病的防治,避免疥癣毛的产生。

(4)羊毛贮存过程中易遭受虫蛀,使羊毛严重损伤,甚至失去纺织价值。因此,贮存羊毛的房屋或仓库要保持通风干燥和降温,必要时应喷洒驱虫药剂。防止虫蛀毛的产生。

(5)羊毛受潮发霉,颜色发黄,质地变脆。在羊毛的保管、运输过程中都要注意保持羊毛干燥。防止霉烂毛的产生。

(6)补饲应将饲草放入草架,避免到带有芒、刺种子的草场放牧,并及时清除草场和牧道上的有钩有刺植物,避免草刺毛的产生。

(7)污染的羊毛不易洗净,颜色发黄,品质变坏。为了避免这种情况,应经常清扫圈舍,勤换垫草,保持干燥;同时,注意草料质量,防止细羊毛消化不良引起拉稀,从而避免圈黄毛的产生。

(8)由于剪毛技术不好,留茬过深,然后补剪第二刀,造成许多短毛,这种短毛在纺织品中极易脱落,影响织品品质,因而要避免这种重剪毛的产生。

115. 为什么毛纺行业用的羊毛越细越好?

羊毛的细度决定了羊毛的经济价值。羊毛越细,面料单位面积内羊毛就越多,面料就越牢固;羊毛越细,纺成的面料就薄,透气性就越好,手感也越柔滑。有句老话,叫做"毛细一分是金,毛粗一分是草"。那么,为什么羊毛越细,纺成的面料就越轻薄,越柔顺呢?

羊毛越细,毛纤维表面鳞片的排列就越密集,在纺织时,这些毛纤维就能勾连得越紧密,纺织成的面料也就越致密牢固;羊毛越粗,它表面的鳞片就排列得越稀疏,在纺织时毛纤维就不容易勾连,就难以纺成致密的面料。除了鳞片的问题外,粗羊毛之所以不能被纺成面料还与它的毛髓有关。一般细度在 40 微米以上的粗毛中大都含有毛髓,这些毛髓是由含有大量空气的空心细胞组成的,伸缩性极差,毛髓的存在造成了粗毛弹性不强和强度下降,在纺织时,很容易就被拉断了。因此,粗羊毛就只能做地毯之类的粗纺产品。

毛纺行业一般把羊毛分为这么几类:把 35 微米以上的叫作粗毛,一般是用来做毯子;把 27～35 微米的叫作半粗型,主要做毡子类;精纺企业一般用的都是 27 微米以下的细毛。按粗度,27～23 微米的是强毛型,22～21 微米的是中毛型,20～19 微米的是细毛型,在 19 微米以下的称为超细型。

因为粗毛是用来编织毛毯、毡子等粗纺产品的,所以收购价是每千克几元钱;细毛、半细毛是用来纺织中档面料的,所以收购价是每千克十几元钱;而超细羊毛是纺织高档面料的原料,所以收购价是粗毛、细毛价格的几倍。

116. 为什么说养一只超细毛羊相当于养十只绒山羊?

人人皆知毛纺行业中素有"软黄金"之称的羊绒,但是把超细羊毛跟羊绒放在一起,羊绒还会成为纺织高档面料的首选吗?以前,纺织企业之所以会把羊绒作为纺织高档面料的首选,主要是看中了羊绒的细度和强度,羊绒细度通常在 13～16 微米,尽管它比超细羊毛要细 1～2 微米,可由于它们都属于超细的范围,在纺织时并没有大的差别,所以羊绒这 1～2 微米的优势就不很明显了。再看两者在形态结构上的比较:先微观方面对比,羊绒跟超细羊毛一样,都是由鳞片层和皮质层构成的无髓毛,强度差别很小;但不同的是,羊绒的鳞片要比超细羊毛的更光滑,排列更稀疏些,这也就意味着,羊绒单独纺成面料的难度要远比超细羊毛大得多。

超细羊毛最适合做纺织材料,也跟它的产量有关,1 只羊每年最多产羊绒 300 克,而 1 只超细毛羊提供的原料数量几乎是 1 只绒山羊的 10 倍。换句话说就是,养 1 只超细毛羊跟养 10 只绒山羊在毛料价值上基本上差不多。这养殖的意义可就大了。第一,养殖户的饲养成本大大降低;第二,减少了牧场承载量,这对于保护草场环境可有着很重要的意义。所以,综合超细羊毛与羊绒在细度、强度和产量上的比较,超细羊毛显然比羊绒更有养殖优势。

117. 超细毛羊剪毛要从哪里开始?

超细羊毛细而且长的密,很不好剪,这就和草长得多、长得密,不好割是一个道理。本来毛细、毛多是超细毛羊最显著的优点,可现在,恰恰是这两个优点却成了剪羊毛的绊脚石。在超细毛羊身上,每平方厘米就有1万多根羊毛,这么大的密度该如何下剪刀呢?

超细毛羊脖子上那一道道褶皱,就好像一个个起伏不平的小山丘。不但皱褶多,这里的毛又长得特别密,这里还有动脉,剃剪起来上弯下绕的,得十分小心。羊受点皮肉之苦还算是轻的,万一伤到脖子上的动脉,那就要危及羊的生命了。

剪毛工把超细毛羊身上的每个地方都琢磨了个遍,终于找到了突破口:大腿内侧。这里的羊毛比较稀疏,并且与之相连的腹部的皮肤也比较平整,可以顺势一路剃剪过去,再转到腹部来,结果厚实的羊毛一下子就从中间分成了两半,再剪就感觉是势如破竹了,羊毛难剪的问题也就迎刃而解。为了能让更多的剪毛工尽快地掌握这种新的剪毛技术,有经验的剪毛工还特意把自己的经验编成了顺口溜:"超细毛羊不好剪,熟记技巧是关键。放平羊,抓后腿,先右后左最方便。后腿内线第一剪,然后就找腹中线。腹中线,藏毛间,开膛破肚到脖前。推着剪子背部走,痛快如马天山游。剪完右边剪左边,只剩脖颈还粘连。看到脖子手发颤,动脉和皱褶是两难关,轻轻提,点点移,拉直脖子要牢记。"

118. 为什么说中国美利奴纯种超细毛羊是产毛先锋?

(1)产毛量多。中国美利奴纯种超细毛羊的公羊,每年的产毛量能够达到5.5～6.5千克,就是母羊也能产5千克左右的羊毛。与新疆细毛羊相比,中国美利奴纯种超细毛羊的体格小,体重少了将近2千克,可它的产毛量却与新疆细毛羊不差上下。这种羊显著的特点就是眼线位置都长有毛,脖子有很多皱褶。羊毛长到眼线的位置，说明中国美利奴纯种超细毛羊的毛囊发达，除了眼睛，羊毛的生长范围几乎能扩张到全身所有的部位。中国美利奴纯种超细毛羊母羊颈部有发达的纵皱褶，公羊颈部则有 3 个明显的横皱褶。皮肤上有了这些皱褶，就像原本平坦的地面隆起了高山，高山的起伏、坡度增加了原来平地的面积一样，这些皮肤皱褶同样增加了原来皮肤的表面积，这些皱褶就是体格偏小的中国美利奴纯种超细毛羊产毛多的奥秘所在。

除了毛囊发达和脖子处的大皱褶，羊毛长的密也是产量高的重要原因。这种羊的毛囊要比其他羊长得密，一般的细毛羊每平方厘米皮肤有 6 000 多个毛囊，中国美利奴纯种超细毛羊有 1 万多个。毛囊密度大，就意味着在单位面积里，它的羊毛产量要比其他品种的多，所以它的羊毛就长得密，长得厚实。再加上皱褶多、皮肤表面积大等原因，中国美利奴纯种超细毛羊的羊毛产量当然就高了。

(2)羊毛细。中国美利奴纯种超细毛羊的毛最大的特点是细，平均细度在 17～19 微米，也就是说这羊毛的粗度只有咱们头发的 1/10。在这个品种出现之前，我国生产的最细的羊毛是 21 微米，主要产自像新疆细毛羊这样的品种，而这超细羊毛，平均细度达到了 17 微米，最细的达到了 12.6 微米。那么这种羊为什么会长出这么细的羊毛呢？主要原因是由品种决定的，因为这个品种的羊每个毛囊里长出的毛纤维根数比其他品种的羊要多。

119.中国美利奴纯种超细毛羊为什么必须经常剪毛？

中国美利奴纯种超细毛羊品种已经丧失了根据气候变化自动换毛的物种特性，只要人们不去剃剪，它们的毛就会一直长下去，但却会越长越慢，不如每年都剪毛的羊的毛长得多，质量也差，最终影响了羊毛的产量和质量。

除此之外，如果在每年的 6 月初不将羊毛剃剪干净，中国美利奴纯种超细毛羊就会像穿了件厚大衣一样来过夏天，高温再加上羊本身排热不畅，就很容易导致羊中暑，严重的甚至会死亡。

120. 山羊毛有哪些经济用途？如何剪取？

(1)经济用途。

①一般山羊粗毛。在我国的北方地区较长，被毛密度也大，产量高，由北向南，山羊粗毛的长度逐渐变短，被毛密度也逐渐变稀，产量下降，山羊粗毛一般可制地毯、刷子、毛毡、搓绳子和制毡鞋等。质地优良的粗毛(包括山羊胡须)，可作为笔料，用于作毛笔、油画笔和工业刷等。

②安哥拉山羊毛。又称马海毛。其光泽悦目，强度大，适纺性强，富于弹性，可以单独或与绵羊毛、合成纤维混纺，制高档精纺品以及窗帘、门帘、装饰织物、天鹅绒、毛毯、人造皮毛等。

(2)剪取方法。

①从活羊身上剪下来的山羊毛。

②制革时，用石灰水浸泡山羊皮煺下的毛。

③从山羊板皮上剪下来的山羊毛。

④从熟制后的山羊皮上剪下来的边肷毛或从旧皮衣上梳下来的毛。

除第一种方法获取的山羊毛，纤维较长，坚挺光亮，强度大，质量好外，其他三种方法获取的山羊毛一般都无光泽、松散，质量较差。

121. 山羊绒有哪些经济用途？如何获取？

山羊绒之所以十分珍贵，不仅由于产量稀少，更重要的是其优良的品质和特性，交易中以克论价，被人们认为是“纤维宝石”，是目前人类能够利用的所有纺织原料都无法比拟的，因而又被称为“软黄金”。

山羊绒为毛纺工业的精梳原料，纤维细而柔软。高级毛纺织品原料，纺织的细绒线和高级呢料，细密轻暖，著名的“开司米”就是山羊绒纺织而成。羊绒按其颜色分为白绒、青绒、紫绒等。白色是上等色，可以染成各种颜色；紫色、青色绒，只能制本色织品。山羊绒具有细、轻、柔软、滑糯、保暖性好等优良特性，主要用于纯纺或与细羊毛混纺，制作羊绒衫、羊绒围巾、羊绒花呢、羊绒大衣呢等高档贵重纺织品。

获取山羊绒的主要方法：一种是活羊剪绒，即从活羊体上把毛和绒一起剪下，然后再拔去粗毛，不呈瓜状，呈散片状有明显剪刀口；另一种是活体抓绒，即从活体上抓下来的绒。山羊产绒的季节性很强，在每年 4～5 月。为防止山羊绒自然脱落，一般在羊绒顶起时随即抓绒。抓绒时宜先抓脊背部，然后两肋，最后再抓腹、头、腿部，按此程序抓取的绒品质高，大部分呈瓜状，有抓花，含短散毛少，绒长，光泽好，有油性，手感柔软。

参考文献

[1] 郑中朝.新编科学养羊手册.郑州:中原农民出版社,2003.
[2] 张生贵.养羊100个为什么.成都:天地出版社,2010.
[3] 李玉冰.牛羊生产技术.北京:中国农业科学技术出版社,2007.
[4] 尹长安.绒山羊饲养与疾病防治.北京:中国农业出版社,2004.
[5] 孙政才.绒山羊技术100问.北京:中国农业出版社,2009.
[6] 李贵华.退牧还草后的养羊模式.北京:科学技术文献出版社,2006.
[7] 李拥军.肉羊健康高校养殖.北京:金盾出版社,2010.
[8] 孙政才.细毛羊技术100问.北京:中国农业出版社,2009.
[9] 黄功俊.肉山羊圈养技术.北京:中国林业出版社,2001.
[10] 任守文.优质肉羊快速养殖关键技术问答 .北京:中国林业出版社,2008.
[11] 袁传溪.肉羊生产技术问答.北京:中国农业大学出版社,2004.
[12] 岳文斌.羊场畜牧师手册.北京:金盾出版社,2008.
[13] 张灵君.科学养羊技术指南.北京:中国农业大学出版社,2003.
[14] 丁伯良.羊常见病防治技术100问.天津:天津科技翻译出版公司,2009.
[15] 肖西山.健康养羊关键技术.北京:中国农业出版社,2008.
[16] 杜立新.中国畜禽遗传资源志——羊志.北京:中国农业出版社,2011.